審定推薦序

這本《寶石百科圖鑑》是由日籍寶石作家諏訪久子所著。內容的編寫架構分為兩部分，前半部是依照寶石顏色將其分類介紹 60 幾種常見寶石的化學成分、顏色、形成刮痕的容易度（硬度），損壞容易度、產地等，讓初學者對該種寶石有個初步印象；後半部是講解關於寶石的成因、礦物組成與晶系、顏色、切工、硬度、命名、歷史、價值等知識。另外，在附錄部分則是提供了元素週期表供讀者查詢寶石致色元素，並介紹了全世界有名的寶石博物館、設計了有趣的寶石名稱測驗等。

對於寶石初學者來說，若想了解關於寶石的知識，很有可能一開始不曉得手邊的寶石是屬於哪一品種，這時就可先從觀察寶石的外觀顏色去查找最有可能的幾種寶石；第二種情況是已經知道何種寶石，這時只要藉由圖鑑內容說明，就能夠掌握了解寶石的各種特性，進而區分同一顏色但卻不同種類的其他寶石。

圖鑑製作最重要的就是照片的真實度與清晰度，當然印刷上要完全不失真是不可能的事。往往我們在留意版面上紅寶石的紅色，就很有可能無法顧及到祖母綠的綠色，加上拍攝時的相機品牌、光線等各種因素，最後呈現在各位眼前的顏色只能說有接近實品的七至八成就相當不錯了。本書所收錄的寶石皆有大量清晰圖照，因此在學習鑑賞寶石時助益不少。有別於其他圖鑑，本書採精裝大開本設計，對於讀者來說閱覽時一目了然。此外，本書不僅有專業的珠寶相關資訊，還講解了礦物與地質知識，讓這本圖鑑的可讀性更高。

這是一本適合完全沒有寶石知識背景，但想了解寶石領域專業的入門書，透過書中內容的引導，您也可以簡易區分寶石的種類，到各地珠寶市集（建國玉市、礦物展）跟賣家溝通時不再雞同鴨講。雖然對於初學者來說市面上這麼多相近顏色的寶石實在難以區分，但就算是已經從事珠寶生意多年的老手有時也會看走眼，因此初學者不用操之過急，只要循序漸進學習寶石基礎知識，有朝一日您也可以成為珠寶行家。

經濟部標準檢驗局國家礦業標準委員
《行家這樣買寶石》作者

自然百科
011

寶石百科圖鑑

宝石のひみつ図鑑

晨星出版

目錄
CONTENTS

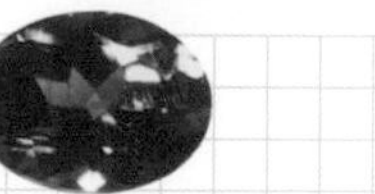

第 2 章　寶石的祕密

1 誕生的祕密

2 晶體的祕密

3 顏色的祕密

4 光芒的祕密

5 名稱的祕密

6 歷史的祕密

7 價值的祕密

附錄

寶石是什麼呢？

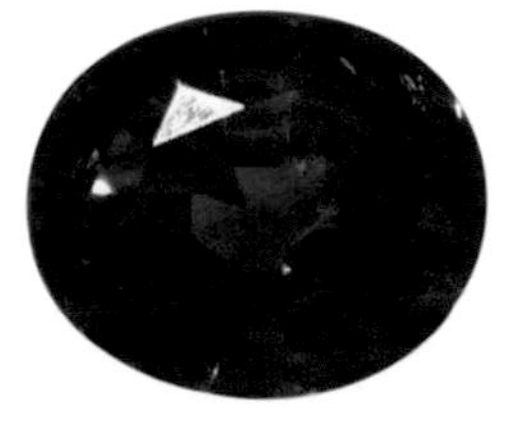

諏訪久子

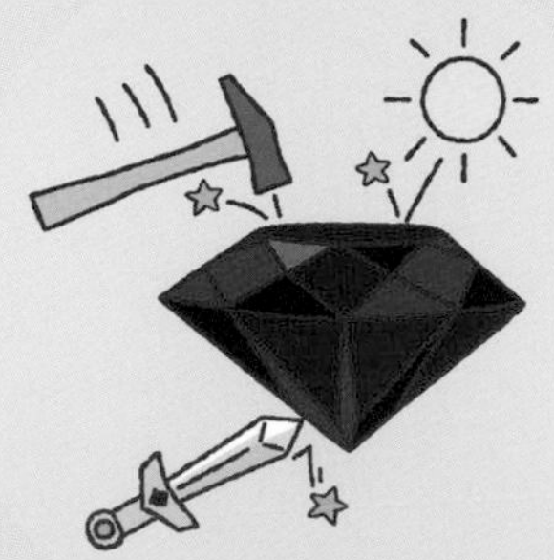

孕育出

在手掌中
閃閃發光的紅色石頭。

這是寶石嗎？或者不算是寶石呢？
線索就藏在石頭裡。

所謂寶石就是，
「美麗」
「耐久」
「具有欣賞價值的大小」
「很多人想擁有卻數量有限的東西」

這個石頭是真正的寶石嗎？
是如何誕生，
擁有什麼樣的名字呢？
為什麼會散發出紅色的光芒？
具有什麼樣的價值呢？

讓我們解開這個祕密吧！

具有欣賞價值的大小

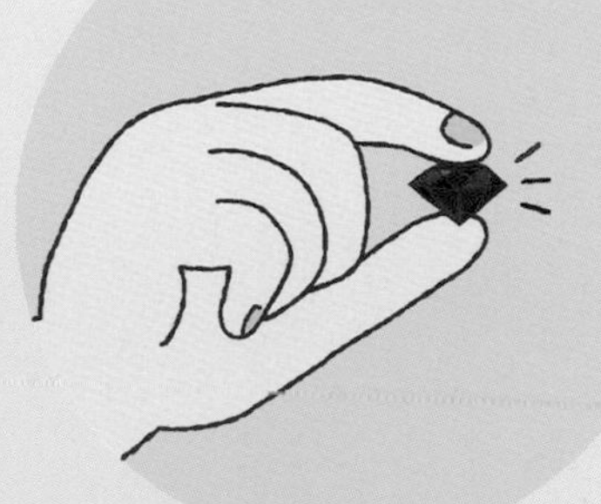

很多人想擁有卻數量有限的東西

本書使用方法

本書分為第一章「依顏色分類的寶石圖鑑」和第二章「寶石的祕密」。
為了讓讀者更親近寶石而彙整所需資訊。
請試著透過各式各樣的角度「觀察」寶石吧！

第 1 章　依顏色分類的寶石圖鑑

成分

以「化學式」※ 標示各個寶石中所含有的元素及其比例。例如紫水晶的成分是矽（Si）和氧（O），比例為 1：2，所以表示為「SiO_2」。元素的種類請參見 p.118 的元素週期表。

寶石名

寶石的名稱。

顏色

將寶石的顏色分為 11 種，罕見的顏色也包含在內。

● = 粉紅色	● = 紫色
● = 紅色	● = 棕色
● = 橙色	○ = 無色、白色
● = 黃色	● = 灰色
● = 綠色	● = 黑色
● = 藍色	

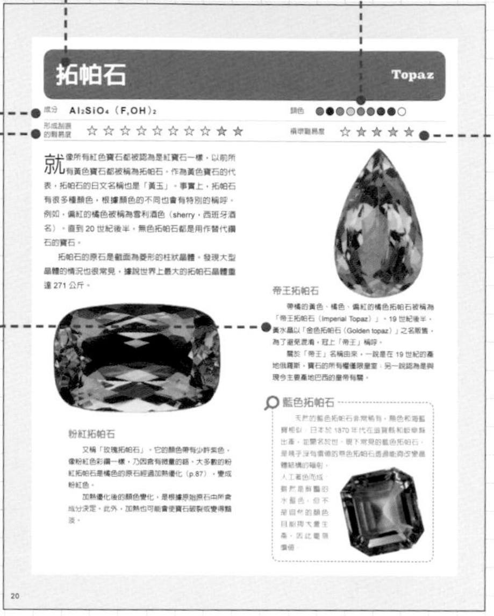

拓帕石　Topaz

成分　$Al_2SiO_4(F,OH)_2$

形成刮痕的難易度

以十個等級表示形成刮痕的難易度。☆ 10 是最難形成刮痕的等級，鑽石就是「☆ 10」。詳細說明請參照 p.96。

損壞難易度

表示「破碎難易度」與「崩裂難易度」。從☆ 5「非常不容易損壞」到☆ 1「容易損壞」，呈現 5 個等級。詳細說明請參照 p.96。

和寶石或原石的照片一起介紹特徵。此外，也一併解說同類型的寶石。

※ 化學式原則上以 GIA Gem encyclopedia《Smithsonian Nature Guide GEMS》為基準。

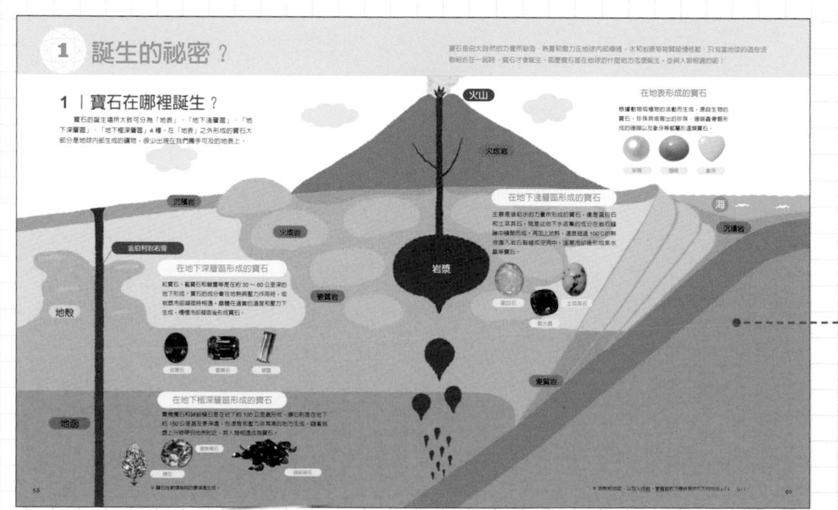

第 2 章

寶石的祕密

透過插圖和照片，以通俗易懂的方式講解隱藏在寶石中的諸多「祕密」。逐一揭示寶石在哪裡誕生和為什麼會散發光芒等祕密。此外，也刊載了「值得了解！1 克拉 ※ 專欄」。

※ 克拉（carat）是表示寶石重量的計量單位。1 克拉是 0.2g。「克拉」一詞源自於過去使用「長角豆（*Ceratonia siliqua*）」作為衡量寶石重量的砝碼。

第1章 依顏色分類的寶石圖鑑

石榴與石榴石

寶石
照片測驗
請回答這個寶石的名稱。
閱讀紅色寶石的
章節來推理吧！
答案在 p.122

紅色寶石

紅色尖晶石
p.16

紅色綠柱石
p.38

紅色彩鑽
p.54

紅鋯石
p.56

亞歷山大變色石
p.62

紅珊瑚
p.17

玫瑰榴石
p.13

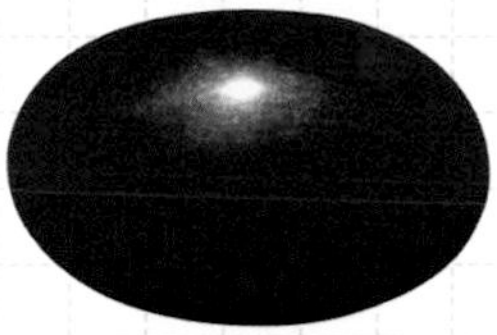

瑪瑙
p.22

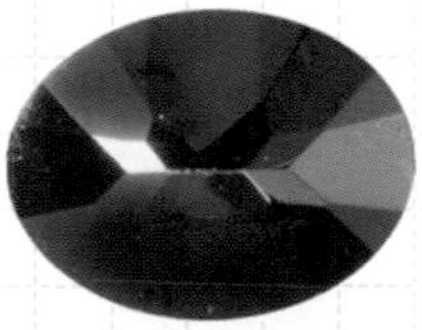

鎂鋁榴石
p.12

紅翡
p.30

紅寶石
p.10

碧玉
p.23

日長石
p.66

鐵鋁榴石
p.13

星光紅寶
p.63

RED

紅寶石 Ruby

成分 Al_2O_3　　顏色 ●●

形成刮痕的難易度 ☆☆☆☆☆☆☆☆☆★　　損壞難易度 ☆☆☆☆★

說到紅色的寶石，大家最先想到的就是紅寶石。在古印度，紅寶石被稱為「寶石之王」。紅寶石具有悠久的歷史，古希臘、古羅馬和古緬甸以配戴紅寶石作為戰士的護身符，在中世紀的歐洲則作為健康、財富、智慧和愛情承諾的象徵。

在進入 18 世紀，能夠進行化學分析之前，任何紅色的寶石都被稱為「紅寶石」。現在我們知道，紅寶石是由鋁（1 日圓硬幣或鋁箔紙中含有的成分）和氧組成的寶石，其中摻有少量的鉻，使紅寶石呈現紅色。

從明亮鮮豔的紅色、暗紅色，到接近粉紅色，紅寶石的紅色有許多種。這是因為在大自然中，除了鉻以外還有其他微量元素被融入到紅寶石中，根據這些元素的組合和不同含量會影響紅寶石的顏色變化。此外，有一些紅寶石在陽光中的紫外線照射下，會從內部散發出燃燒般的火紅光芒（紫外線螢光性／ p.85）。

色澤天然美麗的紅寶石數量有限。因此，自古以來經過加熱優化改善顏色的紅寶石也有在市場上流通。

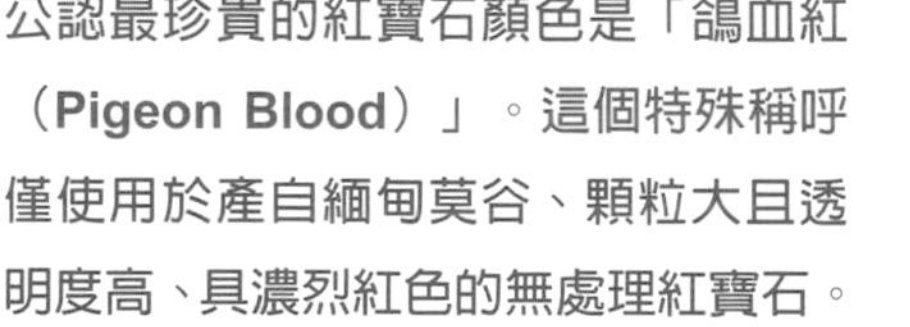

公認最珍貴的紅寶石顏色是「鴿血紅（Pigeon Blood）」。這個特殊稱呼僅使用於產自緬甸莫谷、顆粒大且透明度高、具濃烈紅色的無處理紅寶石。

位於緬甸莫谷的紅寶石礦山。在白色大理石中發現豆粒般大小的原石。

莫谷產（緬甸）

緬甸自西元 600 年左右開始開採紅寶石。莫谷產的無處理紅寶石中，具有像絲綢細線般條紋模樣的「絲狀內含物」。此外，會顯現出強烈的紅色螢光反應也是特徵之一。

內含物

能夠看見像白線一樣的絲狀內含物。藉由加熱處理融化。

孟蘇產（緬甸）

孟蘇位於莫谷以南，大顆的紅寶石產量很少，大多是小顆粒。從 1990 年代中期開始，將深色的原石進行加熱優化，成為小顆美麗紅寶石的產地。

加熱前

加熱後

經由加熱優化消除黑色的部分。然而，有些原石即使經過加熱也不會變得更美麗。

依產地區分紅寶石的特徵

寶石所含的微量成分和內含物（p.63）的差異，取決於產地的地質成分和形成過程。因此，顏色會展現出每個產地的特徵。

泰國產

泰國紅寶石的交易從 1960 年左右開始蓬勃發展。顏色範圍為接近橘色的紅色到帶紫的紅色。由於原石顏色較深，所以會透過加熱優化讓色調變淺。倘若殘留暗沉，會使紅寶石看起來渾濁不清。

莫三比克產

約從 2008 年開始，紅寶石原石被大量開採，並運往盛行紅寶石切磨的泰國首都曼谷。與緬甸紅寶石相比，莫三比克紅寶石的顏色紅中帶橘，半數未經加熱優化就很美麗。

石榴石
Garnet

石榴石是原子排列方式（晶體結構／p.80）相同的礦物家族。已知約有 30 多種不同的石榴石，其中成為寶石的有 6 種，分別為鎂鋁榴石、鐵鋁榴石、錳鋁榴石這些含鋁的石榴石，和鈣鋁榴石、鈣鐵榴石、鈣鉻榴石等含鈣的石榴石。

雖然紅色的石榴石最為有名，然而石榴石其實具有許多不同的顏色。近年來，還發現前所未有的藍色石榴石。接下來將按照寶石名稱介紹石榴石。

各種不同顏色的原石和裸石。儘管紅色是石榴石最為人所熟知的顏色，但橘色和綠色也同樣美麗。在 p.7 與石榴一起拍攝的寶石皆為石榴石。

鎂鋁榴石 Pyrope garnet

成分	$Mg_3Al_2(SiO_4)_3$	顏色	●●●
形成刮痕的難易度	☆☆☆☆☆☆☆★★★	損壞難易度	☆☆☆☆☆

鎂鋁榴石的英文 Pyrope 在希臘語中的意思是「燃燒般的眼睛」。因過去曾產自捷克的波希米亞，所以也被稱為「波希米亞石榴石」。由於含有微量的鐵，因此即使顆粒較小也具有鮮豔的紅色。

1990 年代起在市場上出現的「蟻丘石榴石」產自美國西部的乾燥地區。之所以用「蟻丘（anthill）」命名，是源自螞蟻築巢時搬運的石榴石散落在蟻丘周圍。和紅寶石一樣含有微量的鉻，所以會呈現類似紅寶石的紅色。

波希米亞石榴石。常用於 19 世紀後半期英國製造的珠寶中。

鐵鋁榴石 Almandine garnet

成分 $Fe_3Al_2(SiO_4)_3$　顏色 ●●●●

形成刮痕的難易度 ☆☆☆☆☆☆☆☆☆☆　損壞難易度 ☆☆☆☆☆

被譽為紅色石榴石代表的鐵鋁榴石，其英文名 Almandine 源自於現今仍盛行切磨寶石的土耳其城市「阿拉班達（Alabanda），現為艾拉費薩（Araphisar）」。鐵鋁榴石在世界各地皆有發現，幾個世紀以來一直被作為寶石使用。原石中常發現直徑超過 10 公分的大型晶體。

由於鐵鋁榴石的顏色普遍較深較暗，因此從古羅馬時代開始就會對其進行切割。以淺比例切割，或採用圓頂狀的凸圓面切工並將底部挖空。

原石

玫瑰榴石 Rhodolite garnet

成分 $(Mg,Fe)_3,Al_2(SiO_4)_3$　顏色 ●●

形成刮痕的難易度 ☆☆☆☆☆☆☆☆☆☆　損壞難易度 ☆☆☆☆☆

玫瑰榴石英文名中的 Rhodo 源自希臘語的「玫瑰（Rhodon）」，lite 源自希臘語的「石頭（líthos）」。玫瑰榴石最大的特徵無疑是充滿魅力的紫紅色。尤其是在陽光下觀看時，美麗的紅色更加突出。

玫瑰榴石於 1882 年在美國的北卡羅萊納州被發現，並在 1901 年挖掘殆盡。然而，除了 1964 年在坦尚尼亞找到了大型礦床（p.72）之外，近年來，在斯里蘭卡、印度和馬達加斯加也能開採到原石。

玫瑰榴石是一種約含有 70% 鎂鋁榴石成分、約 30% 鐵鋁榴石成分的石榴石。

原石

芬達石榴石 Mandarin garnet

成分 $Mn_3Al_2(SiO_4)_3$　　顏色 ●

形成刮痕的難易度 ☆☆☆☆☆☆☆★★★　　損壞難易度 ☆☆☆★★

芬達石榴石的英文 Mandarin 意思是「中國原產的橘子」。在淺黃色居多的錳鋁榴石中，特別將顏色是亮橘色的稱為「芬達石榴石」。即使顆粒大，也能散發出鮮豔色彩和美麗光澤。會呈現橘色是因為含有微量的鐵。

顏色介於粉紅色和橘色之間的稱為「馬拉亞石榴石（Malaya Garnet）」。大多數是錳鋁榴石和鎂鋁榴石的混和物，顏色取決於鐵和錳的含量。

原石

翠榴石 Demantoid garnet

成分 $Ca_3Fe_2(SiO_4)_3$　　顏色 ●

形成刮痕的難易度 ☆☆☆☆☆☆★★★　　損壞難易度 ☆☆☆★★

1850 年代在俄羅斯的烏拉山脈發現。在以為只有紅色的石榴石中，初次加入的綠色石榴石。如鑽石般非常閃耀和清晰可見的七彩光芒是英文名的由來。跟其他石榴石相比，具有硬度（p.97）比較低、容易劃傷的特徵。

鈣鐵榴石中，具有鮮豔綠色的稱為「翠榴石」。其綠色是因為含有微量的鉻。美麗的黃色鈣鐵榴石則稱為「黃榴石（Topazolite）」。

如果寶石中央具有馬尾束般的條紋，即「馬尾狀內含物（horsetail inclusions）」（內含物／p.63），會成為鑑定寶石種類的決定性因素。

沙弗萊 Tsavorite garnet

成分 $Ca_3Al_2(SiO_4)_3$ 顏色 ●

形成刮痕的難易度 ☆☆☆☆☆☆☆★★★ 損壞難易度 ☆☆☆★★

1968 年在肯亞的沙佛（Tsavo）國家公園被發現。由美國的珠寶商命名和販售後成名。在鈣鋁榴石中，綠中帶藍到接近黃綠色的稱為「沙弗萊」。因為含有微量的釩而呈現綠色。

沙弗萊的原石通常是由小晶體聚集而成的塊狀原石，很少有完整的大顆晶體。因此，大顆的寶石非常珍貴。橙色的鈣鋁榴石被稱為「肉桂石（Hessonite garnet）」。

各式各樣的石榴石

雖然紅色是石榴石的代表色，但綠色石榴石從 1850 年代開始就廣為人知，橙色石榴石也自 1990 年代以來變得愈來愈有名，是一種可以享受顏色漸變，讓人想排列觀看的寶石。

馬拉亞石榴石

肉桂石（黑松石）

黃榴石

鈣鋁榴石

水鈣鋁榴石

尖晶石 Spinel

成分　$MgAl_2O_4$　　顏色

形成刮痕的難易度　☆☆☆☆☆☆☆☆★★　　損壞難易度　☆☆☆★★

紅色美麗的尖晶石長期以來被誤認為是紅寶石，使用於製作各國王室的王冠等物品。即使到 18 世紀後半，人們發現它與紅寶石是不同寶石，它的美麗仍舊不變。 其中最著名的是 14 世紀英國黑太子愛德華所獲得，名為「黑太子的紅寶石」的紅色尖晶石。據說這顆寶石為他在隨後的各種戰役中帶來了勝利，現今可在英國的倫敦塔珠寶屋中看到。

尖晶石的產地有緬甸、斯里蘭卡、塔吉克斯坦、坦尚尼亞和越南等。長期被誤認為是紅寶石的原因之一，就是它們經常在同一個地方開採。

除了紅色之外，根據所含的微量成分，尖晶石可以呈現多種顏色。紅色和粉紅色是取決於鉻，橙色取決於釩，紫色是鐵和鉻，藍色則是鐵或鈷。因為有著許多顏色，所以會冠上顏色的名稱來稱呼，例如「紅色尖晶石」。

紫 紫色尖晶石

紅 紅色尖晶石

橙 橘色尖晶石

綠 綠色尖晶石

藍 藍色尖晶石

無色 無色尖晶石

黑 黑色尖晶石

紅寶石和尖晶石的區分方法

紅寶石和尖晶石的主要差異在於原石的形狀和光線折射的性質。尖晶石的原石是尖銳的八面體，紅寶石則多為豆粒狀。不過原石的形狀經過切割後，就會變得難以辨識了。

另一方面，即使是切割過的寶石也可以確認光的折射。尖晶石會將入射光保持一束折射，紅寶石則會分成兩束。這種差異可以透過鑑定儀器檢查和辨識。

珊瑚 Coral

成分 $CaCo_3$　　顏色 

形成刮痕的難易度 　　損壞難易度 

珊瑚是在深海底孕育出的寶石。生活在海裡被稱為「珊瑚蟲」的微生物中，有些在淺海形成珊瑚礁，有些則在深海形成像樹枝般堅硬的「骨骼」，成為寶石。以前的人們是撿拾自然斷裂後漂流到海岸邊的珊瑚殘骸。發現海底有珊瑚林後，很遺憾地，有時候會無計畫地大量採伐，如今資源保護已成為全球性的課題。

珊瑚成為寶石的歷史也很悠久，自古就用於裝飾。在古羅馬時期會將地中海產的珊瑚加工成珠子，帶往印度或北非。日本則據說是在奈良時代，將地中海的紅珊瑚經由絲路（p.104）從中國帶入日本。19 世紀後半在土佐沖發現珊瑚後，日本的珊瑚開始出口到世界各地。

珊瑚的成分是碳酸鈣，跟大理石、石灰岩※一樣。碳酸鈣接觸檸檬汁或醋等酸性液體時，會引起化學反應而腐蝕。因此保養珊瑚時，擦去汗液和油脂很重要。

珊瑚枝　成為寶石的珊瑚是最堅硬的品種。珊瑚蟲的種類會根據產地而有所不同，珊瑚枝的大小、顏色和品質也會有很大差異。

紅珊瑚（阿卡）

桃紅珊瑚（MoMo）

粉紅珊瑚

※ 大理石和石灰岩是古代海洋中珊瑚、貝類、海百合等生物殘留下來的碳酸鈣堆積在海底形成的岩石。

\\ 寶石 //
照片測驗
請回答這個寶石的名稱。
閱讀黃色、橙色寶石
的章節來推理吧！
答案在 p.122

2 黃色、橙色寶石

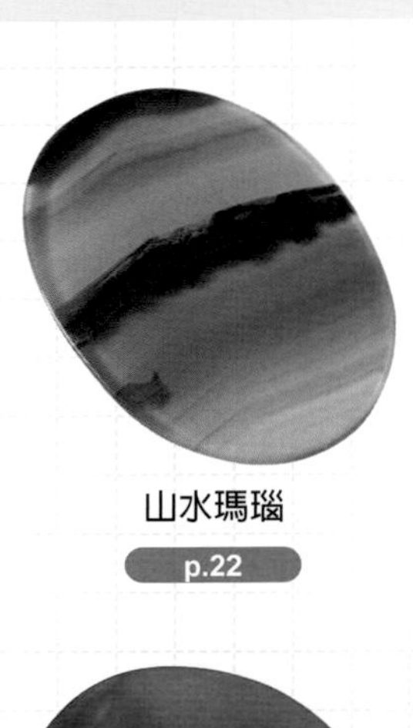

山水瑪瑙
p.22

橘色藍寶石
p.37

黃翡
p.30

帝王拓帕石
p.20

火蛋白石
p.65

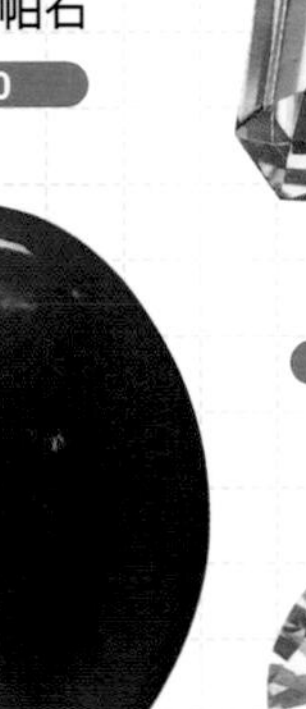

紅玉髓
p.23

馬拉亞石榴石
p.15

黃色彩鑽
p.55

黃水晶
p.21

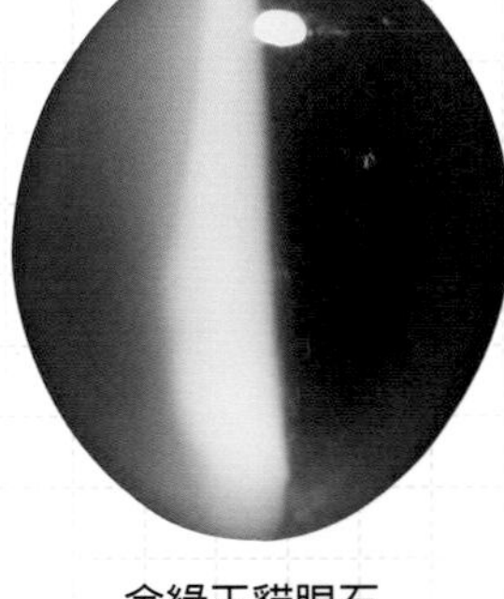

金絲雀黃碧璽
p.29

黃色藍寶石
p.37

金綠玉貓眼石
p.62

橙色彩鑽
p.55

芬達石榴石
p.14

紫黃晶
p.44

黃榴石
p.15

橙鋯石
p.56

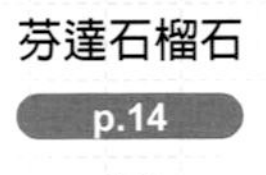

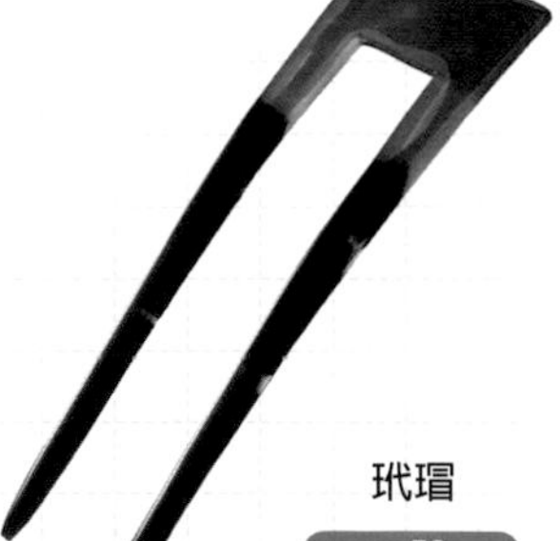

玳瑁
p.59

橙翡
p.30

肉桂石
p.15

黃鋯石
p.56

琥珀
p.59

YELLOW & ORANGE

拓帕石 Topaz

成分　$Al_2SiO_4(F,OH)_2$　　顏色 

形成刮痕的難易度 ☆☆☆☆☆☆☆☆★★　　損壞難易度 

就像所有紅色寶石都被認為是紅寶石一樣，以前所有黃色寶石都被稱為拓帕石。作為黃色寶石的代表，拓帕石的日文名稱也是「黃玉」。事實上，拓帕石有很多種顏色，根據顏色的不同也會有特別的稱呼。例如，偏紅的橘色被稱為雪利酒色（sherry，西班牙酒名）。直到 20 世紀後半，無色拓帕石都是用作替代鑽石的寶石。

拓帕石的原石是截面為菱形的柱狀晶體。發現大型晶體的情況也很常見，據說世界上最大的拓帕石晶體重達 271 公斤。

粉紅拓帕石

又稱「玫瑰拓帕石」。它的顏色帶有少許紫色，像粉紅色彩鑽一樣，乃因含有微量的鉻。大多數的粉紅拓帕石是橘色的原石經過加熱優化（p.87），變成粉紅色。

加熱優化後的顏色變化，是根據原始原石中所含成分決定。此外，加熱也可能會使寶石破裂或變得黯淡。

帝王拓帕石

帶橘的黃色、橘色、偏紅的橘色拓帕石被稱為「帝王拓帕石（Imperial Topaz）」。19 世紀後半，黃水晶以「金色拓帕石（Golden topaz）」之名販售，為了避免混淆，冠上「帝王」稱呼。

關於「帝王」名稱由來，一說是在 19 世紀的產地俄羅斯，寶石的所有權僅限皇室；另一說認為是與現今主要產地巴西的皇帝有關。

藍色拓帕石

天然的藍色拓帕石非常稀有，顏色和海藍寶相似。日本於 1870 年代在滋賀縣和岐阜縣出產，並聞名於世。現下常見的藍色拓帕石，是幾乎沒有價值的無色拓帕石透過能夠改變晶體結構的輻射，人工著色而成。雖然是鮮豔的水藍色，但不是自然的顏色且能夠大量生產，因此毫無價值。

黃水晶 Citrine

成分 **SiO_2**

顏色 

形成刮痕的難易度 ☆☆☆☆☆☆☆☆☆☆

損壞難易度 

在日本也稱為「黃水晶」。天然的黃水晶很罕見，大多是紫水晶經過加熱優化（p.87）而成。1883年在巴西發現紫水晶加熱後會變成鮮豔的黃色，從此大量出現在交易市場中。

產量充足的黃水晶，因為擁有和拓帕石相似的美麗黃色，也被稱為「金色拓帕石」。深橘色的黃水晶色澤與葡萄牙的馬德拉酒相似，而稱為「馬德拉黃水晶」。

黃水晶的黃色來自於鐵。含鐵的紫水晶經過加熱後會變成黃水晶，但不含鐵的紫水晶則不會有變化。

天然的黃水晶非常稀少。顏色比加熱過的黃水晶更深。

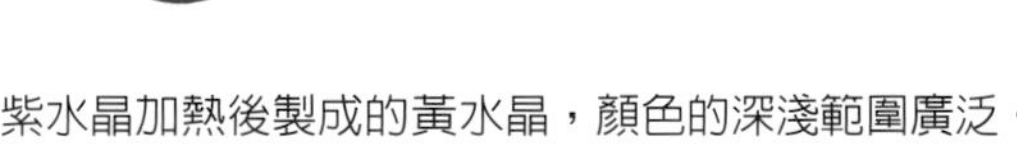

紫水晶加熱後製成的黃水晶，顏色的深淺範圍廣泛。

馬德拉黃水晶是濃郁的橘色。

將拓帕石和黃水晶比較看看吧！

將外觀相似的拓帕石和黃水晶在形成劃痕難易度方面進行比較，拓帕石較不容易有劃痕，但拓帕石容易沿著某些方向碎裂，在損壞難易度方面黃水晶更勝一籌。鑑定（p.114）的決定性因素是光的折射能力、折射率的不同。比重也有差異，如果拓帕石和黃水晶的大小相同，那麼拓帕石會比較重。

	拓帕石	黃水晶	比較
形成刮痕的難易度	☆☆☆☆☆☆☆☆	☆☆☆☆☆☆☆	拓帕石比較難形成劃痕
損壞難易度	☆	☆☆☆	拓帕石容易沿著某些方向碎裂
折射率	1.61～1.64	1.54～1.55	鑑定的關鍵在於折射率
比重	3.5～3.6	2.7	在同樣大小的情況下，拓帕石會比較重

玉髓 Chalcedony

成分 SiO_2　　顏色    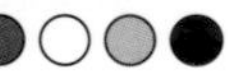

形成刮痕的難易度 ☆☆☆☆☆☆☆☆☆☆　　損壞難易度 

玉髓和水晶一樣同屬於一種叫做「石英」的礦物。不過相較於水晶或紫水晶是單一大顆的石英晶體，玉髓是由小到肉眼看不見的石英晶體集結而成。由於容易取得且易於加工，因此從古代開始就被作為裝飾品使用。

根據顏色和花紋的不同，玉髓被賦予許多名稱。除了本書介紹的之外，還有很多其他種類。

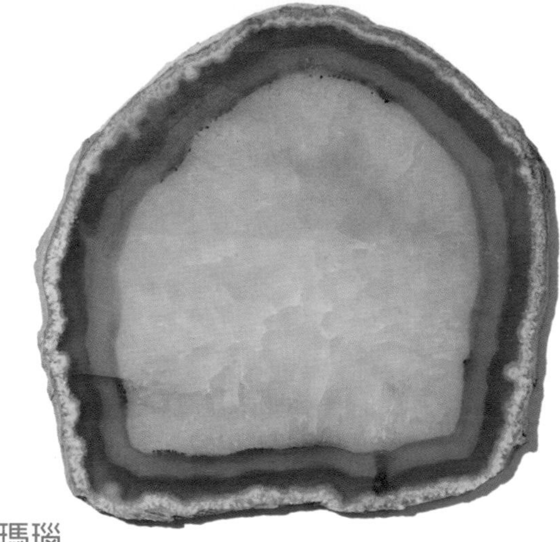

瑪瑙

具有描繪曲線般的條紋圖案。日本以「瑪瑙」稱呼。在古代作為勾玉使用，之後也製作為念珠或髮簪等物品。自古以來就會被染成各種顏色。

苔蘚瑪瑙

能看到像苔蘚一樣深綠色花紋的瑪瑙。如果呈現樹木或蕨類植物的圖案則稱為「樹枝瑪瑙（Dendritic Agate）」。

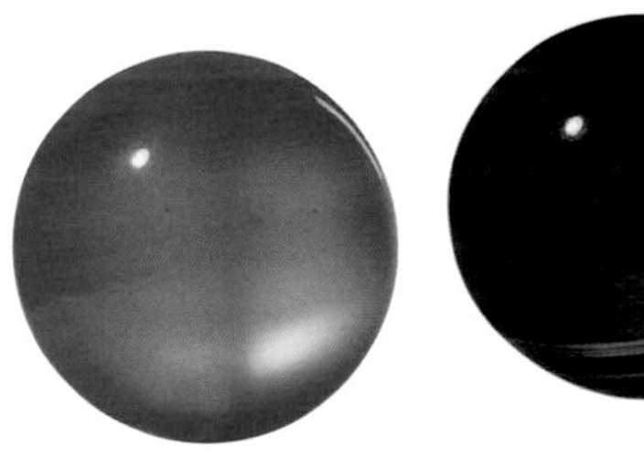

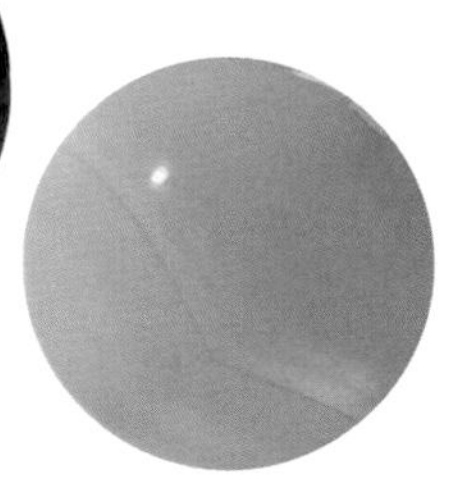

染上鮮豔顏色的瑪瑙珠

山水瑪瑙

展現宛如「風景」般圖案的瑪瑙。晶體凝聚時摻入其他種類的礦物晶體，形成複雜的圖案。

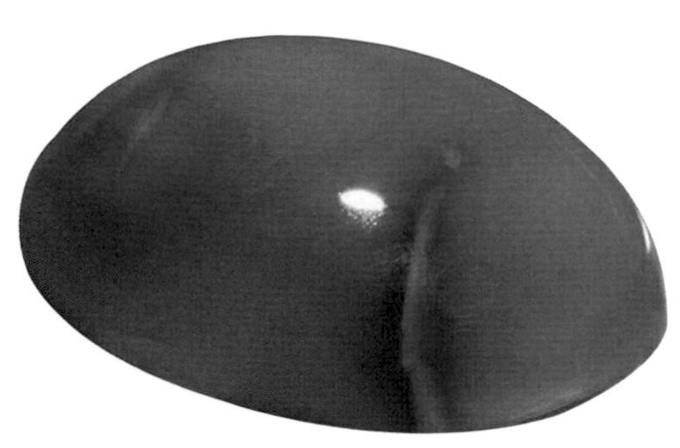

紅玉髓

印度約從西元前 4 世紀開始開採的寶石。有著半透明質地和偏紅的橘色，有些紅玉髓的顏色經過加熱後會變得更深。有條紋的稱為「紅玉條帶瑪瑙（Carnelian Agate）」。

綠玉髓

英文名 chrysoprase 在希臘語中是「青蘋果」 的意思。半透明美麗的綠色是含有微量鎳產生的天然顏色。

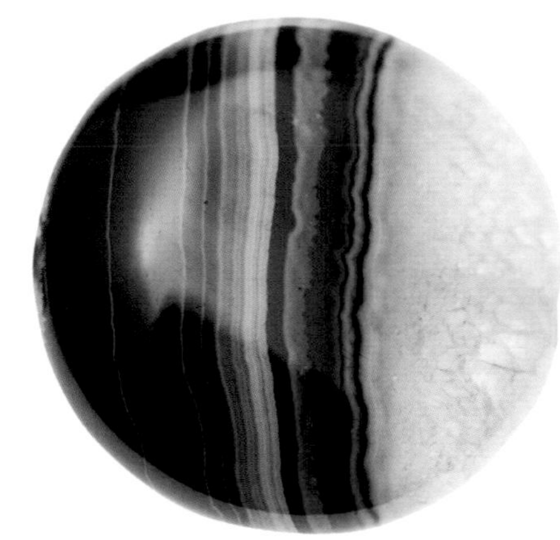

縞瑪瑙

日本也稱為「縞瑪瑙」。條紋的分層被活用於製作浮雕等雕刻（p.93）。英文 Onyx 如今也用來稱呼玉髓染黑後製成的純黑色瑪瑙。

紅斑綠玉髓

英文名 bloodstone，顧名思義它是花紋宛如鮮血飛濺的深綠色寶石。被用於製作基督教的裝飾品，象徵耶穌基督被釘上十字架時的血。在中世紀歐洲還被當作止血與治療的護身符。

碧玉

不透明的玉髓稱為「碧玉（Jasper）」。紅褐色的碧玉尤為常見，在古埃及被大量加工製作成珠飾品使用。

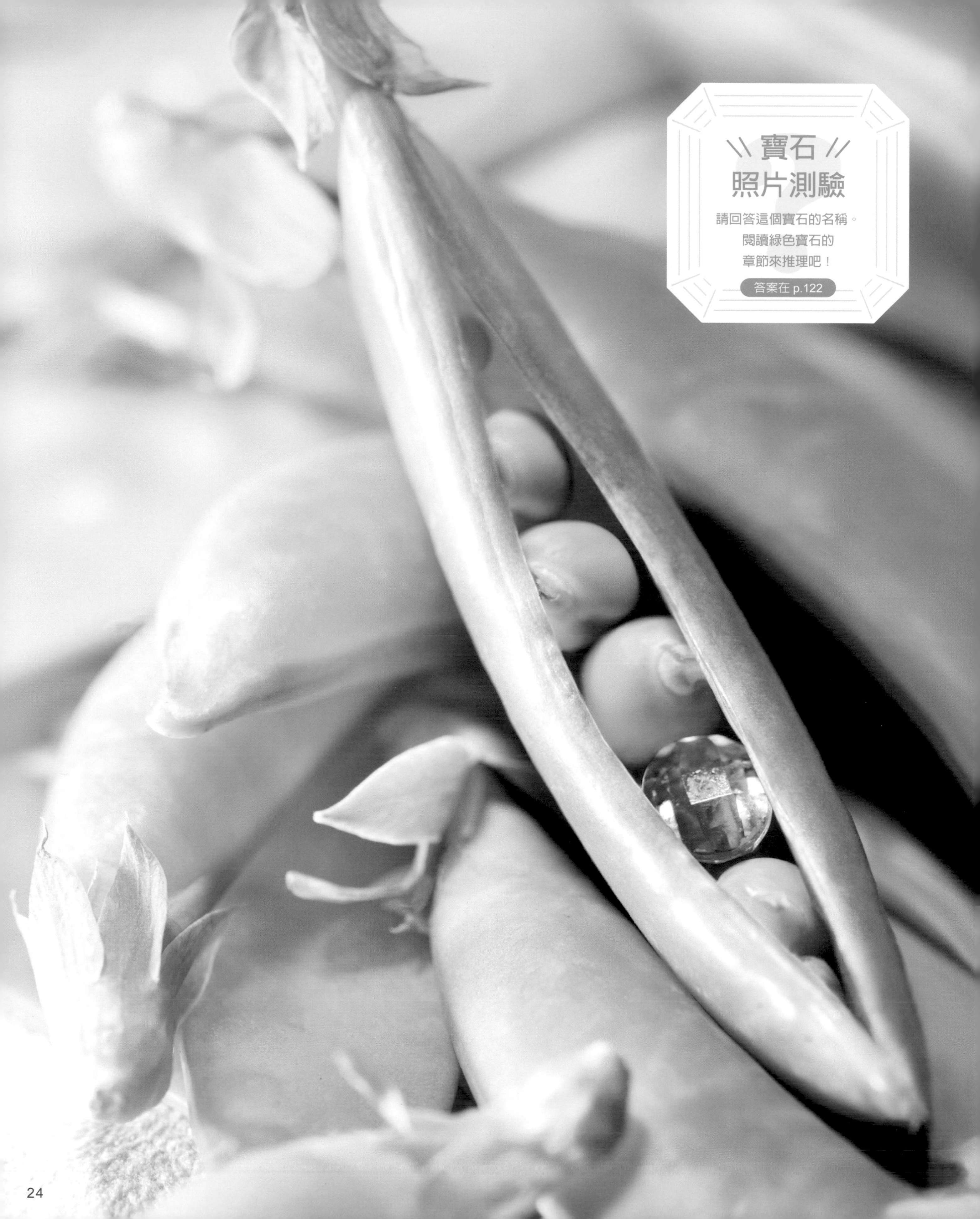
\\ 寶石 //
照片測驗
請回答這個寶石的名稱。
閱讀綠色寶石的
章節來推理吧！
答案在 p.122

綠色寶石

貴橄欖石
p.31

綠色彩鑽
p.55

綠鋯石
p.56

藍銅礦孔雀石
p.31

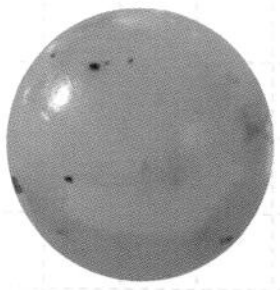

閃玉
p.30

祖母綠
p.26

達碧茲祖母綠
p.26

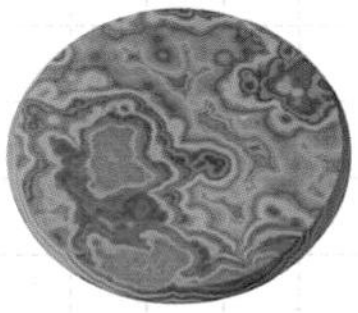

孔雀石
p.31

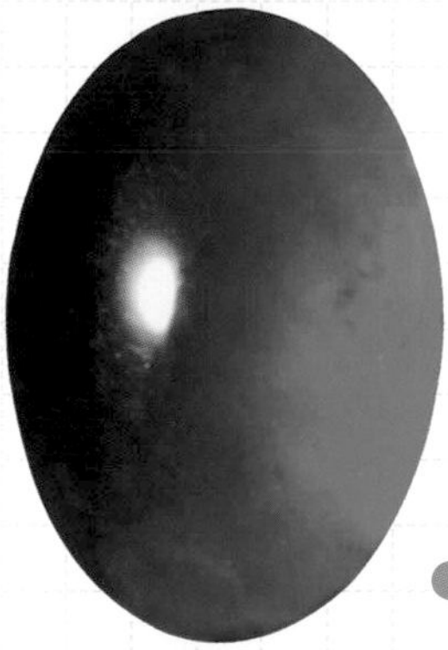

輝玉
p.30

天河石
p.66

紅斑綠玉髓
p.23

亞歷山大變色石
p.62

綠玉髓
p.23

綠碧璽
p.28

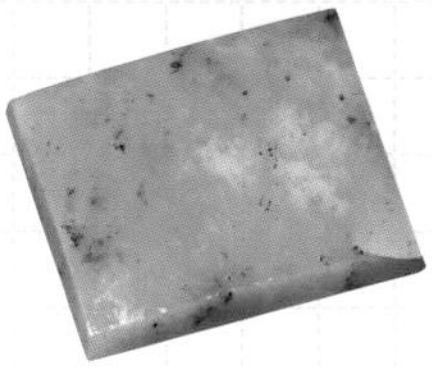

水鈣鋁榴石
p.15

翠榴石
p.14

鈣鋁榴石
p.15

綠色藍寶石
p.37

沙弗萊
p.15

綠色尖晶石
p.16

苔蘚瑪瑙
p.22

GREEN

祖母綠 Emerald

成分 $Be_3Al_2Si_6O_{18}$

顏色 

形成刮痕的難易度 

損壞難易度 ☆☆★★★

祖母綠被譽為「寶石女王」。在寶石切割技術發展之前，曾比鑽石更有價值。以歷史悠久著稱，被人們視為珍寶 6000 多年。在埃及豔后克麗奧佩脫拉時代，所有綠色的寶石都被稱為祖母綠。埃及過去曾有祖母綠的礦山，女王的收藏中可能也有這座礦山出產的祖母綠。

祖母綠的特徵是比其他寶石含有更多的「內含物」（p.63）。內含物的混入方式因產地而異。特別是看起來像種滿樹木或小草的美麗庭院時，被稱為「花園（Jardin）」。

自古以來會透過浸油或填充樹脂的方式，使祖母綠的細小裂縫或刮痕變得不明顯。有些處理過的祖母綠隨著歲月流逝，油或樹脂的部分會乾裂，裂痕變得更明顯。

哥倫比亞產的祖母綠原礦。像金屬一樣發光的是一種名為「黃鐵礦」的礦物。由於使祖母綠發黑的鐵會聚集到黃鐵礦中，祖母綠才會呈現美麗的綠色。

達碧茲祖母綠

從中心朝 6 個方向延伸，形成放射狀條紋的祖母綠。達碧茲（Trapiche）在西班牙語中意思是「榨甘蔗機器上的轉輪」。也可以在紅寶石或藍寶石中發現，是一種很罕見的晶體。

哥倫比亞產

可以在晶體的裂縫中看到同時具有液體、氣體和固體的「三相內含物」。雖然不是所有哥倫比亞祖母綠都有三相內含物，但這個特徵能夠成為確定產地的線索以及天然寶石的證明。

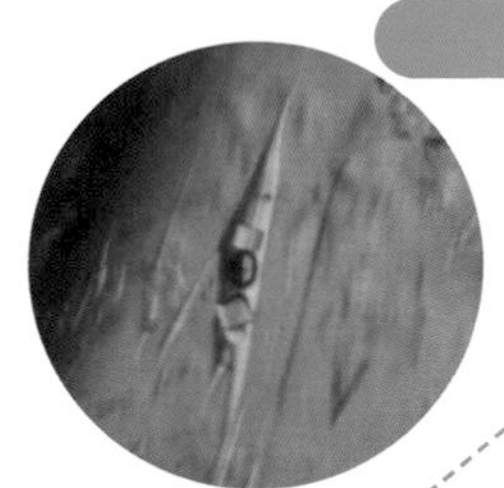

內含物

依產地區分祖母綠的特徵

寶石所含的微量成分和內含物（p.63）的差異，取決於產地的地質成分和形成過程。因此，顏色會展現出每個產地的特徵。

辛巴威產（桑達瓦納）

可以看到名為透閃石礦物的針狀晶體。像針一樣長且相互交錯。在祖母綠的晶體生長過程中被納入。

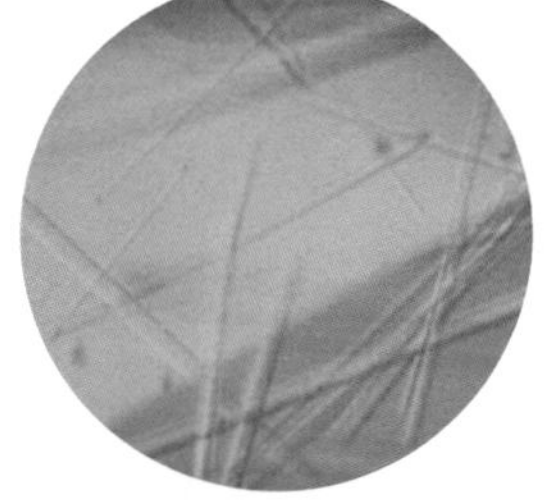

內含物

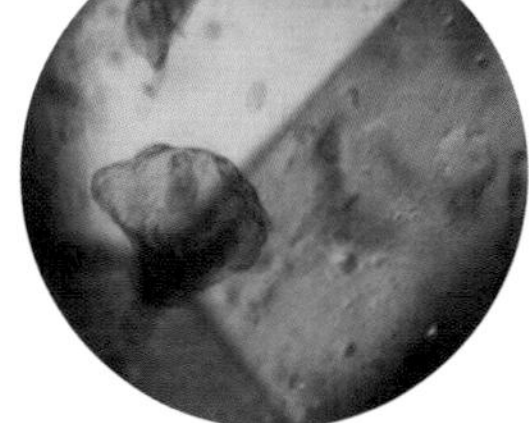

內含物

尚比亞產

經常能見到名為黑雲母的礦物成為內含物。每個礦山都有不同種類的內含物。

祖母綠切工法

鑽石或其他寶石也會使用的「祖母綠切工法」，是為了哥倫比亞祖母綠原石而誕生的切割形狀。

這種六角柱狀原石具有表層顏色較深，中心顏色較淺的特徵。為了在保持顏色同時不減少原石的重量，採用將表層切割面切磨成四邊形桌面（p.91）的階梯式切工（p.93）。由於四邊形的角容易碎裂，所以會磨平四個角。

碧璽 Tourmaline

成分 $Na(Li_{1.5},Al_{1.5})Al_6Si_6O_{18}(BO_3)_3(OH)_4$※

顏色   

形成刮痕的難易度 ☆☆☆☆☆☆☆☆☆☆

損壞難易度  ☆☆☆☆☆

碧璽擁有各式各樣的顏色和表現形式，自西元前開始就被作為寶石使用，但紅色的被認作是紅寶石，藍色的被認作是藍寶石。就連在 16 世紀中葉的大航海時代（p.104），葡萄牙人在巴西發現綠碧璽的大型礦床（p.72）時，也當作是祖母綠帶入歐洲。直到 1800 年代後期，才區分為碧璽。

碧璽的英文名 Tourmaline 是源自斯里蘭卡僧伽羅族語的「turmali」，意思是「各種顏色的寶石」。表示人們曾在河底的砂礫中開採到摻雜在一起的彩色寶石。

有這麼多種顏色是因為每個顏色所含成分略有不同，有時一個晶體中會出現兩種或多種顏色，例如雙色碧璽或西瓜碧璽。

綠碧璽

綠碧璽的綠色源自於鐵，是透明度高的碧璽。因為能發現比較大顆的原石，所以有些綠碧璽會被雕刻或切割成特殊形狀。英文名稱除了 Green Tourmaline，也會以 Verdelite 稱呼。Verde 在法文中是綠色的意思。

即使同樣是綠碧璽，小顆粒的「鉻綠碧璽（Chrome Tourmaline）」因為含有釩和鉻，顏色是濃郁的綠色。

雙色碧璽／西瓜碧璽

雙色碧璽是單一晶體中含有不同顏色的寶石。大多是粉紅色和綠色的組合。因為成分中途改變，顏色也開始不一樣。西瓜碧璽是晶體中心部分和外層顏色不一樣。因為中心部分是粉紅色，外層是綠色，看起來像西瓜一樣，因此命名為西瓜碧璽。

※ 由於碧璽的成分種類繁多，因此以常被切磨成寶石的礦物「鋰電氣石（Elbaite）」成分作為代表。

金絲雀黃碧璽

1983 年在非洲尚比亞發現的新品種碧璽。黃碧璽中以鮮豔檸檬黃脫穎而出的稱為「金絲雀黃碧璽」。這種獨特的顏色是因為含有微量的錳而產生。

帕拉伊巴碧璽

帕拉伊巴碧璽是一種罕見的碧璽，以擁有鮮明的「霓虹藍」為特徵。因僅在 1989 年的一年內於巴西帕拉伊巴州產出而命名。如今即使是在其他地方開採，只要具有來自銅和錳的相同色調，就會被稱為帕拉伊巴碧璽。

湛藍碧璽／藍碧璽

藍碧璽和綠碧璽一樣因含有鐵而產生顏色，其中深藍色的被稱為「湛藍碧璽」。與帕拉伊巴碧璽的藍色不同，但比粉紅碧璽稀有。

紅寶碧璽／粉紅碧璽

在粉紅色的碧璽中，有時會將顏色更為濃豔的稱為「紅寶碧璽」。粉紅碧璽含有錳，當錳受到來自太空或地面的輻射作用時，會改變晶體結構轉變為粉紅色。

輝玉（硬玉、翡翠） Jadeite

成分 NaAlSi$_2$O$_6$ 顏色 ●●●○●●●●○●●

形成刮痕的難易度 ☆☆☆☆☆☆☆★★★ 損壞難易度 ☆☆☆☆☆

日本將寶石稱為「玉」，而翡翠是自古以來都備受珍視的玉，從繩文時代至古墳時代的遺址中皆有發現，1930 年左右，確認新瀉縣糸魚川為翡翠的產地。雖然翡翠有許多顏色，但由鉻元素形成的綠色半透明翡翠叫做「帝王綠翡翠」，其中透明度高且顏色美麗的綠色翡翠被稱為「老坑玻璃種」。

除了綠色之外，紫色的紫羅蘭翡翠也很受歡迎。在雕刻方面，綠色、黃色和白色等多種顏色合為一體的翡翠也很珍貴。切割方式大多是採用突顯半透明質地的蛋面切工或製成珠飾品，也會挖空加工製成戒指。翡翠的主要產地是緬甸和瓜地馬拉、日本。

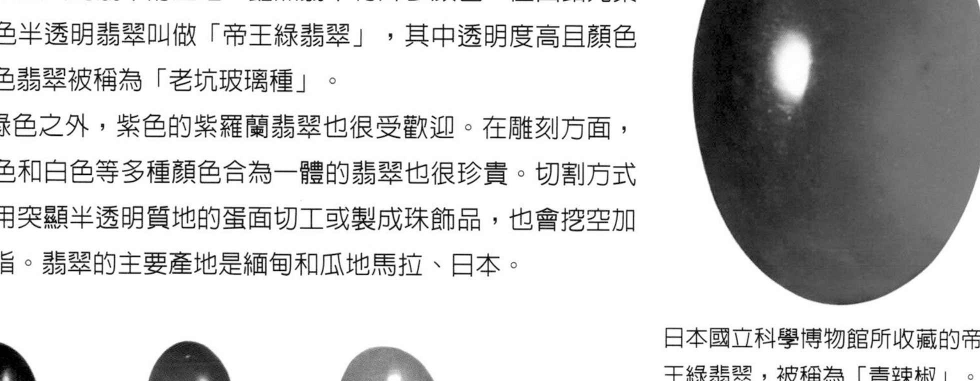

日本國立科學博物館所收藏的帝王綠翡翠，被稱為「青辣椒」。

紅 紅翡

橙 橙翡

黃 黃翡

臺灣國立故宮博物院收藏的「翠玉白菜」以其雕刻著名。

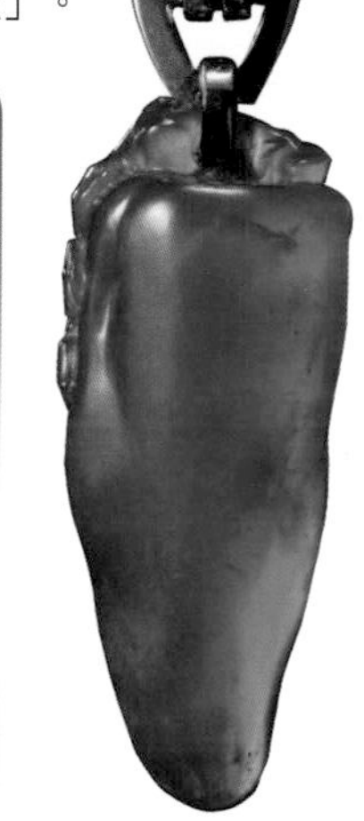

藍 藍翡

紫 紫羅蘭翡翠

無色 白翡翠

黑 墨翠

什麼是玉（Jade）

被稱為「玉」的寶石中，包含「輝玉（Jadeite）」和「閃玉（Nephrite）」兩種礦物，以及幾種半透明到不透明的綠色寶石。

輝玉和閃玉早在中國古代就有區別，但直到現代礦物學完善後才了解礦物種類的差異。

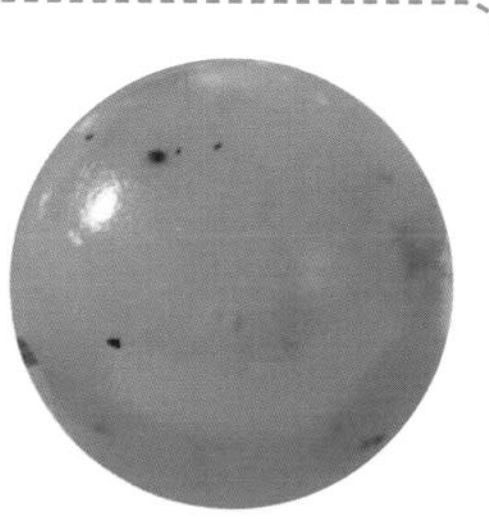

閃玉

貴橄欖石 Peridot

成分　$(Mg,Fe)_2SiO_4$　　顏色 ●●●

形成刮痕的難易度 ☆☆☆☆☆☆⯪★★★　　損壞難易度 ☆☆★★★

貴橄欖石是構成地函礦物「橄欖石（Olivine）」的晶體，大多數是被上升的岩漿帶到地表附近。在夏威夷大島有一片由橄欖石砂礫形成的綠色沙灘（Green Sand Beach）。是一種有時也會在隕石中發現的寶石。

形似睡蓮的浮水葉，被稱為「睡蓮葉（lily pad）」的內含物（p.63）是貴橄欖石獨有特徵。早在 3500 年前的古埃及就已出產，稱為「太陽之石」，並有著名副其實的黃綠色明亮光澤。

由於具有將光往兩個方向折射的特性，因此從桌面（p.91）朝內部看，可見到對面的刻面稜線有重影。

孔雀石 Malachite

成分　$Cu_2(CO_3)(OH)_2$　　顏色 ●

形成刮痕的難易度 ☆☆☆⯪★★★★★★　　損壞難易度 ☆★★★★

在日本也被稱為「孔雀石」。埃及豔后克麗奧佩脫拉曾將孔雀石當作眼影使用，如今也被使用在繪畫顏料、給陶器或玻璃上色。孔雀石的綠色致色元素是銅，與銅生鏽時產生的「銅綠」相似。有時和銅礦床一起被發現。19 世紀在俄羅斯烏拉山脈被開採，聖彼得堡的聖以撒大教堂就是使用孔雀石柱裝飾。

藍銅礦與孔雀石的成分相近，具有相似的特性，是一種不透明的藍色寶石。與孔雀石結合時會形成一種名為「藍銅礦孔雀石（Azurmalachite）」的寶石。藍銅礦的藍色致色元素也是銅。

藍銅礦孔雀石
藍色部分是藍銅礦，綠色部分是孔雀石。

寶石照片測驗

請回答這個寶石的名稱。
閱讀藍色寶石的
章節來推理吧！

答案在 p.122

藍色寶石

丹泉石
p.39

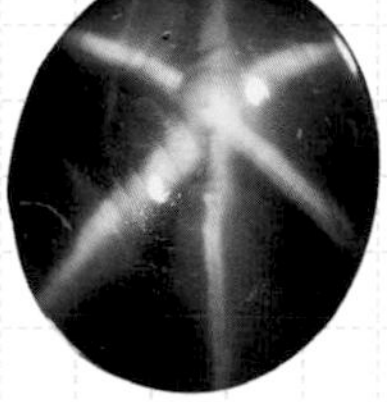

星光藍寶
p.63

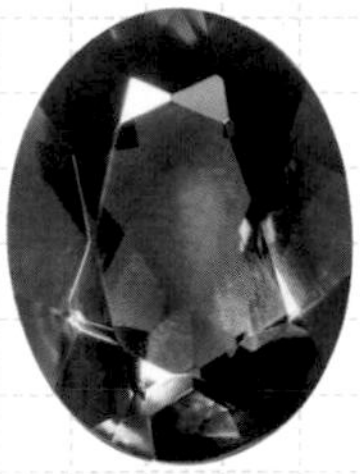

堇青石
p.39

藍色尖晶石
p.16

海藍寶
p.38

藍寶石
p.34

藍色彩鑽
p.54

帕拉伊巴碧璽
p.29

藍翡
p.30

藍鋯石
p.56

藍碧璽
p.29

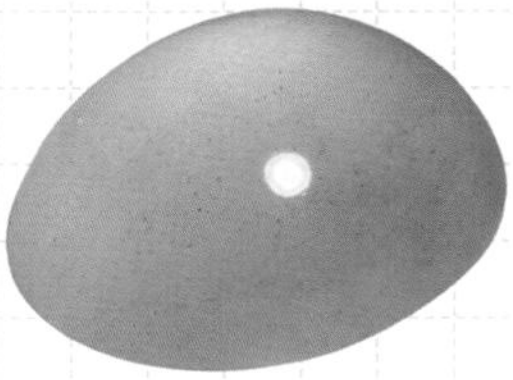

乳白色海藍寶石
p.38

湛藍碧璽
p.29

青金石
p.40

藍方石
p.40

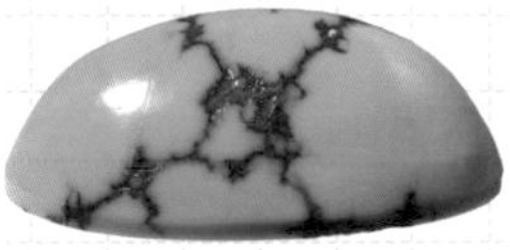

土耳其石
p.41

藍月長石
p.66

BLUE

藍寶石 Sapphire

成分 Al_2O_3

顏色  

形成刮痕的難易度 ☆☆☆☆☆☆☆☆☆★

損壞難易度 ☆☆☆☆★ 

藍寶石是自古以來就被視為珍寶的寶石之一。它的歷史可以追溯到西元前 7 世紀。在古代波斯，人們認為地球是由藍寶石圓盤構成，天空的蔚藍即是圓盤的藍色反射而來。奇妙的巧合是，我們會將在太空看到的地球稱為「藍色星球」。

古代佛教相信藍寶石具有精神啓迪的作用。中世紀歐洲的神職人員配戴藍寶石戒指，將藍寶石視為天堂的象徵，人們則認為藍寶石是能夠招來上帝祝福的寶石，並受到世界各國王室成員的青睞，被製成珠寶飾品。現在也被用於製作訂婚戒指。

和紅寶石一樣，隨著科學發展，人們才發現藍寶石是由鋁和氧組成的寶石，在此之前，大部分藍色的寶石都被稱為藍寶石。藍寶石的藍色是源自微量的鐵和鈦。顏色從淡至濃具有各式各樣的品質。品質好且大顆的藍寶石可以反射光線，呈現明亮的藍色。

顏色天然美麗的藍寶石數量有限，和紅寶石一樣，自古以來就有很多經過加熱優化改善顏色的藍寶石在市場上交易。藍寶石的藍色也成為其他藍色寶石的評估標準，例如丹泉石等。

原石

各式各樣的藍寶石原石。可以看見顏色呈帶狀分布的樣子。藍寶石通常是指「藍色藍寶石」，但其實藍寶石的顏色有很多種（彩色寶石／ p.36）。

依產地區分藍寶石的特徵

寶石所含的微量成分和內含物（p.63）差異，取決於產地的地質成分和形成過程。因此，顏色會展現出每個產地的特徵。

斯里蘭卡產

斯里蘭卡從西元前開始就出產多種寶石，被譽為「寶石的寶庫」。除了能開採到無處理的美麗藍寶石，還有將名為「牛奶石（Geuda）」的白色結晶經過加熱優化（p.87）而產生色澤適中的藍寶石。

喀什米爾產（印度、巴基斯坦）

約在 1900 年左右開採藍寶石，現在幾乎沒有產出。當時產出的藍寶石品質極佳且色澤美麗，至今仍有交易。無處理的藍寶石具有「絲狀內含物」（內含物 / p.63），使它的藍帶有天鵝絨般的光澤。與德國國花矢車菊顏色相近，而用「矢車菊藍（Cornflower Blue）」來形容。

其他產區

- 澳洲
- 美國（蒙大拿州）
- 奈及利亞

馬達加斯加產

馬達加斯加是現今藍寶石的主要產地，產出的藍寶石與斯里蘭卡藍寶石非常相似。無處理的藍寶石數量不多，大多會經過加熱優化。

緬甸產

雖然產量是 500 個紅寶石中才會發現 1 個藍寶石的程度，但能產出顆粒碩大且美麗，被稱為「皇家藍（Royal Blue）」的藍寶石。

柬埔寨產（培林）

多為顆粒小的深黑色藍寶石，能透過加熱優化讓顏色變得更明亮。1960 年代以前是藍寶石的主要產地，之後產量開始銳減。

4 藍色

彩色藍寶石

藍寶石的英文名 Sapphire 原本是對藍色寶石的稱呼，隨著礦物學的研究發現，藍寶石與紅寶石是同一種名為「剛玉（Corundum）」的礦物，除此之外還有無色透明和其他多種顏色。

現在會將紅色剛玉稱為紅寶石，藍色剛玉稱為藍寶石或藍色藍寶石，其他顏色就統稱為「彩色藍寶石（Fancy Colored Sapphire）」。按照不同顏色有「黃色藍寶石」、「紫色藍寶石」等稱呼。

此外，無色透明的無色藍寶石也會被稱為「白色藍寶石」。黃色藍寶石有時也會被稱為「金色藍寶石」。

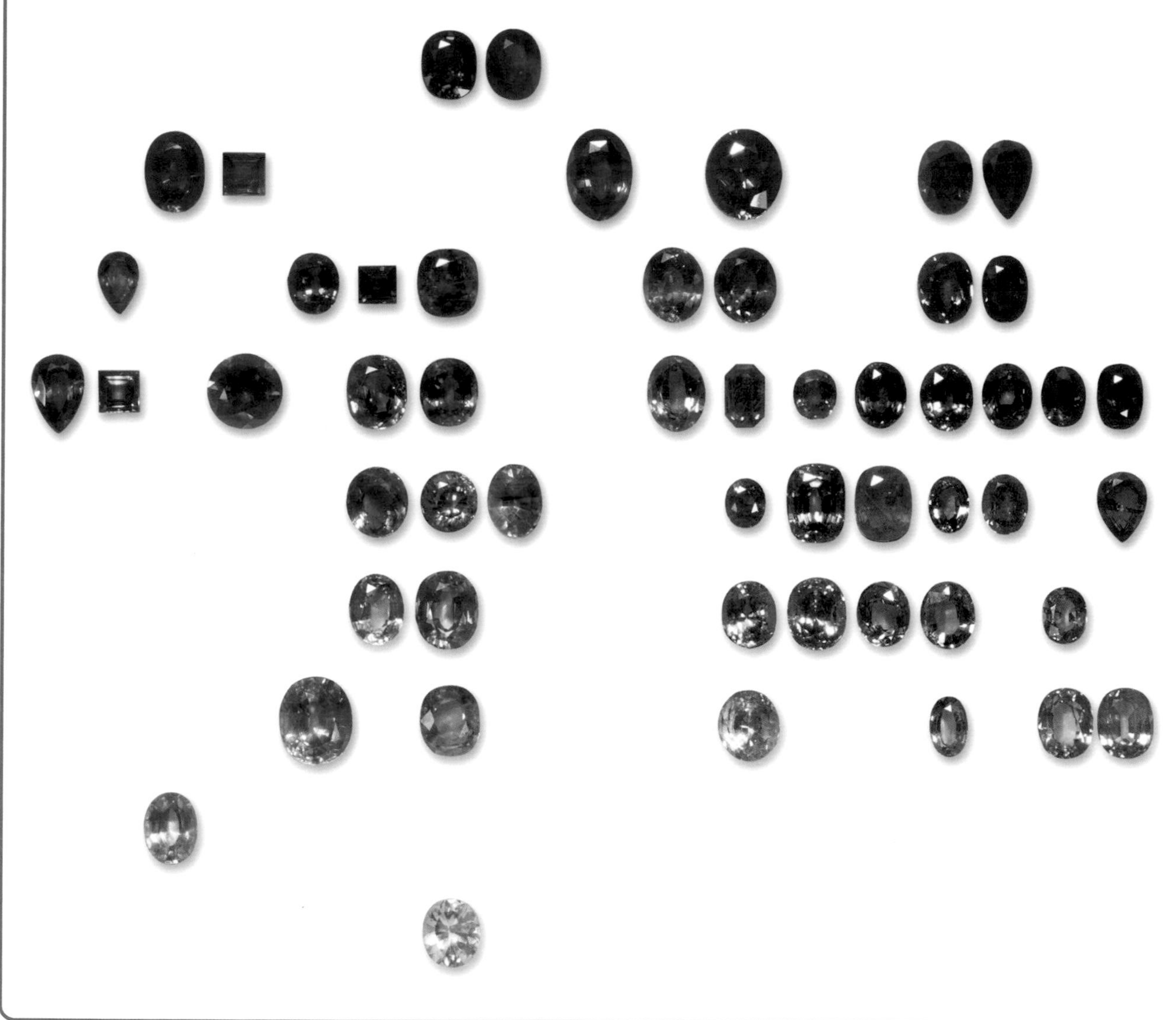

蓮花剛玉

蓮花剛玉的顏色介於粉紅色到橘色之間。英文名 **Padparadscha** 是「蓮花」的意思。無處理的蓮花剛玉可能會褪色，但只要在紫外線燈下曝晒半天左右，就能恢復原本的色澤。

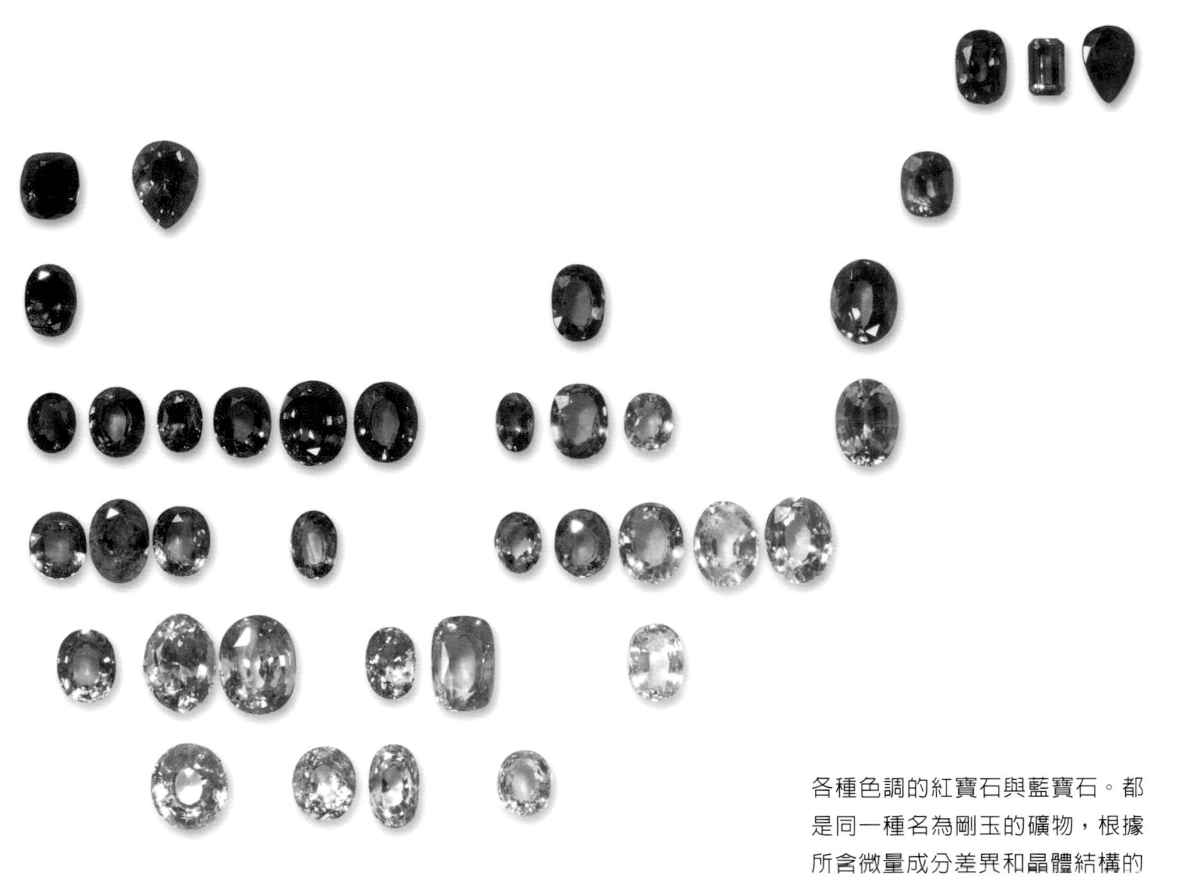

各種色調的紅寶石與藍寶石。都是同一種名為剛玉的礦物，根據所含微量成分差異和晶體結構的變形，形成各式各樣的顏色。

海藍寶 Aquamarine

成分 $Be_3Al_2Si_6O_{18}$　　顏色 ●

形成刮痕的難易度 ☆☆☆☆☆☆☆☆★★　　損壞難易度 ☆☆☆★★

距今 2000 年前左右，由羅馬人根據拉丁語中的「水（aqua）」和「海（marine）」來命名。正如其名，海藍寶是一種清澈美麗的淡藍色寶石。以前的人們相信海藍寶具有「平息風浪的力量」，把它當作是船員的護身符。由於自然形成的海藍寶十分稀少，因此幾乎大部分都有經過加熱優化（p.87）。加熱之後會不會變得更美麗，取決於原石含有的成分。

海藍寶和祖母綠一樣是名為「綠柱石」的礦物，但內含物（p.63）少，產量比較多，經常有透明大顆且形狀完整的晶體。

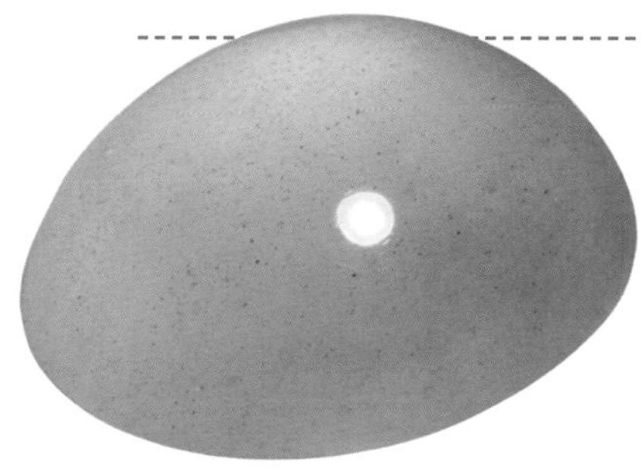

乳白色海藍寶石

半透明的淺色海藍寶要採用凸圓面切工（p.92）。典雅的乳白色海藍寶石完成後，能感受到顏色和質地的魅力。

綠柱石（Beryl）是什麼石頭？

綠柱石是一種含稀有金屬鈹的礦物。

根據所含微量元素的種類，呈現不同顏色，每種顏色都有寶石名稱。

含有鉻或釩的綠色綠柱石被稱為祖母綠，含有鐵的淺藍色綠柱石就是海藍寶。當含有錳，就會形成淺粉色的摩根石或深粉色的紅色綠柱石。此外，被稱為金綠柱石或黃綠柱石的黃色或黃綠色綠柱石，和海藍寶一樣含有鐵。

摩根石

紅色綠柱石

海藍寶的原石

丹泉石（坦桑石） Tanzanite

成分　$Ca_2Al_3(SiO_4)_3(OH)$　　顏色 ●●

形成刮痕的難易度 ☆☆☆☆☆☆☆☆☆☆　　損壞難易度 ☆☆☆☆☆

丹泉石具有令人深深著迷的美麗藍色。1967 年一場發生在坦尚尼亞的森林火災成為發現丹泉石的契機。調查火災後發現到的深藍色晶體，得知將褐色黝簾石晶體加熱後，會轉變為美麗的藍色。美國珠寶商將它命名為丹泉石並進行推廣，迅速讓丹泉石聲名大噪。丹泉石的產地只有坦尚尼亞。

雖然丹泉石的美麗可以媲美藍寶石，但它硬度低，很容易因碰撞而損傷，所以要小心對待它。急遽的溫度變化也會導致丹泉石出現裂紋。

丹泉石具有強多色性（p.86）特徵。在這張照片中可以看到藍紫色和紅紫色。

堇青石 Iolite

成分　$Mg_2Al_4Si_5O_{18}$　　顏色 ●●●

形成刮痕的難易度 ☆☆☆☆☆☆☆☆☆☆　　損壞難易度 ☆☆☆☆☆

堇青石的英文名 Iolite 源自希臘語中表示堇紫色的「Ios」。像堇菜的花一樣是藍色至藍紫色的寶石。具有強烈的多色性，從不同角度觀看呈透明狀，過去被稱作是「水藍寶石」。堇青石的藍色源自鐵，是不經過加熱等優化也一樣美麗的顏色。

傳說北歐維京人利用堇青石的強烈多色性，將板狀的堇青石像太陽眼鏡一樣使用，以確認太陽方位。因為對導航有幫助，因此又稱為「指南針石」

堇青石也具強烈多色性。除了藍紫色之外，還看得到略帶褐色。

青金石 Lapis lazuli

成分 $Na_3Ca(Al_3Si_3O_{12})S$※　　顏色 

形成刮痕的難易度 ☆☆☆☆☆★★★★★　　損壞難易度 

青金石是最古老的寶石之一。已知人類在 6000 年前就開始使用，在四大古文明、希臘羅馬時代都被視為珍寶。青金石的產地從當時到現在都是阿富汗，過去商人們將它運向世界各地。青金石還透過絲路（p.104）傳入遙遠的日本，成為奈良時代正倉院所收藏的寶物之一。

據說古代埃及豔后克麗奧佩脫拉曾將青金石與孔雀石一同用作眼影，也是繪畫顏料的著名材料。以青金石製作的顏料因橫渡地中海引進歐洲而被稱為「群青（Ultramarine）」（源自拉丁文 ultramarinus，意為來自海外），在中世紀歐洲的繪畫中，用於描繪聖母瑪利亞的衣服等特殊物品。

青金石由多種礦物組成。以藍色的青金石礦物為主，摻雜白色方解石和金色黃鐵礦，還有藍色的方納石或藍方石。青金石布滿黃鐵礦顆粒時的樣子宛如星空。

青金石中也含有「藍方石」

藍方石是和藍寶石等其他透明藍色寶石不同色調的美麗寶石。晶體長大成為寶石級品質的藍方石很稀有，原石為小顆粒。容易破損劃痕多，因此比較適合觀賞而不是配戴。

藍方石於 19 世紀初出現在文獻中，據說它的名稱是由法國礦物學家有「晶體學之父」之稱的阿羽依（René-Just Haüy）博士命名。

※ 青金石是多種礦物的集合體，因此標示代表性礦物「青金石」的成分。

土耳其石 Turquoise

成分 $CuAl_6(PO_4)_4(OH)_8 \cdot 4H_2O$　顏色 ●●

形成刮痕的難易度 ☆☆☆☆☆★★★★★　損壞難易度 ☆☆★★★

土耳其石和青金石一樣擁有悠久的歷史。早在西元前 5000 年，埃及王室就把土耳其石作為珠寶佩戴，在美索不達米亞（現今伊拉克的一部分）發現了土耳其石珠飾品（p.92）。中國也在 3000 多年以前就將土耳其石用於雕刻。在 13 世紀之前，土耳其石被稱為「Callaïs」，意思是美麗的石頭，但經過土耳其被帶進歐洲後，就變成「土耳其石」了。

土耳其石是在乾旱地區形成的寶石。在沙漠地區或少雨的高地，自地下水中所含成分結晶而成。因為是在沙子或岩石中結晶，幾乎所有土耳其石中都有名為「Matrix」的母岩（包圍寶石的岩石）脈紋或紋路滲入。

由於晶體之間存在縫隙，所以土耳其石接觸到化學藥劑或化妝品，甚至汗水或空氣時，會變成綠色。因此大部分的土耳其石都會使用樹脂等塗層處理（Coating）以防止變色。名為「土耳其藍」的美麗藍色和帕拉伊巴碧璽一樣是因為銅而致色。

依產地區分土耳其石的特徵

寶石所含微量成分的差異，取決於產地的地質成分和形成過程。因此，顏色會展現出每個產地的特徵。

伊朗產

最佳品質的土耳其石產自曾被稱為「波斯」的伊朗。與其他產地相比，具有質地硬且不容易變色的特徵。用來描述土耳其石色澤的「波斯藍」，現在伊朗以外的產區也會使用。

伊朗產的原石

美國產

就歷史長度而言，美國產的土耳其石也與波斯產並駕齊驅。從古墨西哥阿茲特克文明時期的人們，再到現代的美洲原住民，土耳其石都是這個地區製作工藝品時不可或缺的材料。美國產的土耳其石帶有少許的綠色。

寶石
照片測驗
請回答這個寶石的名稱。
閱讀紫色、粉紅色寶石的
章節來推理吧！
答案在 p.122

紫色、粉紅色寶石

紫羅蘭翡翠 p.30

粉紅珊瑚 p.17

蓮花剛玉 p.37

紫色彩鑽 p.54

玫瑰石 p.47

桃紅珊瑚 p.17

粉紅碧璽 p.29

西瓜碧璽 p.28

舒俱徠石 p.46

紫色尖晶石 p.16

紫鋰輝石 p.46

紫鋯石 p.56

粉晶 p.45

摩根石 p.38

紫色藍寶石 p.36

紅紋石 p.47

粉紅色彩鑽 p.54

紅寶碧璽 p.29

紫水晶 p.44

粉紅色藍寶石 p.37

雙色碧璽 p.28

粉紅拓帕石 p.20

PURPLE & PINK

紫水晶 Amethyst

成分 SiO_2 　　顏色 ●

形成刮痕的難易度 ☆☆☆☆☆☆☆★★★　　損壞難易度 ☆☆☆★★

自古以來，紫色就是居高位者所穿戴的顏色。紫水晶是紫色的代表性寶石，在地球上眾多水晶（石英）中脫穎而出，被視為珍貴的寶石。紫水晶在歐洲 2 萬 5000 年前的遺址中就已被發現。在埃及，從西元前 3100 年左右的第一王朝時期開始，就將紫水晶用作儀式用品或裝飾品。此外，在古希臘的傳說中，因為紫水晶的顏色像葡萄酒一樣，而與酒神巴克斯聯繫在一起，人們相信紫水晶是「防止醉酒的護身符」。

紫水晶在 19 世紀以前還是俄羅斯出產的稀有寶石，但在巴西發現了大型礦脈後，開始被大量開採。現在還增加南美洲其他產地，無論是切割過的石頭，或是還附著在母岩上的圓頂狀原石都很受歡迎。

紫水晶的顏色有略帶藍色，或是紫中帶粉、紫中帶紅。還可以看到一種名為「色帶（color zoning）」呈現顏色深淺的條紋圖案。此外，有些大顆紫水晶會採用「設計師切工（designer cuts）」做成藝術性雕刻品。

原石

紫黃晶

紫水晶的紫色和黃水晶的黃色出現在同一個晶體中的寶石被稱為「紫黃晶」。由自然的各種巧合交疊產生。玻利維亞東南部是世界唯一的產地。

石英家族

水晶（Quartz）是我們日常生活中第三大常見礦物，僅次於天然冰和長石。不僅有晶體形狀完整的水晶，還以小顆粒狀存在於石頭或沙子中，甚至是以肉眼看不見的微小顆粒附著在空氣中的塵埃或灰塵裡。沖上岸的玻璃碎片與沙子中的水晶摩擦，表面會變得像磨砂玻璃般模糊不清。窗戶的玻璃表面經過長時間使用，也會因為空氣中的水晶碰撞而逐漸形成細小劃痕。因此水晶的硬度 7 對其他寶石來說，成為能否在空氣中長時間配戴而不受刮傷的基準。

水晶具有在施加電壓時規律振動的特性，利用該特性製作出了石英鐘。現在人工合成水晶被大量生產，應用於工業產品中。

形成美麗晶體的水晶是根據顏色和外觀取名。除了紫水晶和黃水晶之外，還有各式各樣的種類。

白水晶

是白色透明的石英。在古羅馬時期，因為發現於阿爾卑斯山脈高地，因此曾被認為是「永遠不會融化的冰」。

粉晶

日文裡也稱為「紅石英」或「薔薇石英」。晶體中含有非常細小的內含物（p.63），使光線在粉晶內部散射，而呈現粉紅色。因為半透明所以被作為珠寶飾品（p.92）或雕刻的材料使用。

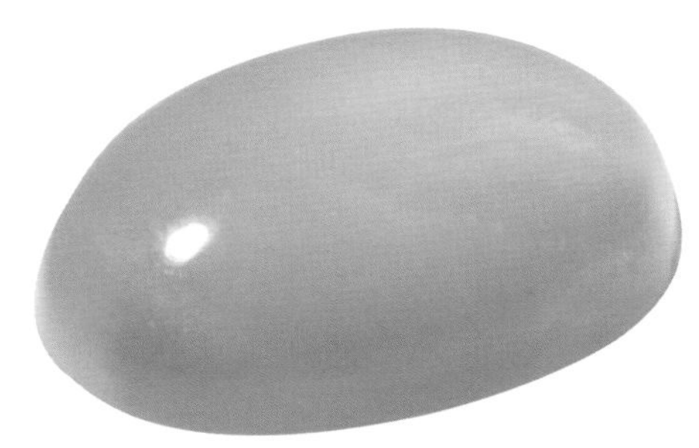

鈦晶

臺灣稱為「髮晶」，日本名稱是「針水晶」。將「金紅石晶體」包裹在內部。金紅石是以鈦為成分的礦物。

煙水晶

日文名稱也是「煙水晶」。由於含有微量的鋁和天然的輻射照射，而呈現淺褐色至黑色。有些煙水晶會經過人工輻射處理。

紫鋰輝石（孔賽石） Kunzite

成分 $LiAlSi_2O_6$ 顏色 ●

形成刮痕的難易度 ☆☆☆☆☆☆★★★★ 損壞難易度 ☆☆☆☆☆

紫鋰輝石是鮮明的粉紅色寶石，存在以鋰為主要成分的礦物「鋰輝石」中。1902 年由美國寶石學家坤斯（George Frederick Kunz）博士首次鑑定並命名。由於紫鋰輝石只要輕微碰撞就會破裂或缺損，因此是很難琢磨的寶石。此外，只要置於強光或高溫下就會褪色，又稱「晚宴寶石」。

近年來，利用改變晶體構造的輻射，人工加深顏色的紫鋰輝石大量充斥市場。由於難以分辨顏色是天然還是人工，因此紫鋰輝石是需要特別注意的寶石。

舒俱徠石（杉石） Sugilite

成分 $KNa_2(Fe,Mn,Al)_2Li_3Si_{12}O_{30}\cdot H_2O$ 顏色 ●●

形成刮痕的難易度 ☆☆☆☆★★★★★★ 損壞難易度 ☆☆☆☆☆

舒俱徠石是 1944 年由日本岩石學家杉健一博士等人，在愛媛縣發現的一種綠色小顆粒礦物。經過研究終於確認它是新礦物，在 1976 年將其命名為舒俱徠石。之後在南非等地發現的美麗紫色礦物也確認是舒俱徠石，被製為寶石或用於雕刻。是唯一由日本人命名的寶石，日文名稱為「杉石」。

以塊狀或粒狀產出，寶石多為凸圓面切工（p.92）。因為含有錳，顏色呈現粉紅色到紫色，顏色變化取決於與其他元素的混合方式。

玫瑰石 Rhodonite

成分　$(Mn,Ca)_5(Si_5O_{15})$　　顏色 ●●●

形成刮痕的難易度 ☆☆☆☆☆★★★★★　　損壞難易度 ☆☆★★★

玫瑰石英文名中的 Rhodon 源自希臘語中「玫瑰」。日本明治時代將這種寶石翻譯為「薔薇輝石」，雖然後來知道玫瑰石並不屬於輝石類礦物，但名稱仍被沿用至今。以大型塊狀產出，可採用凸圓面切工（p.92）或用於雕刻。

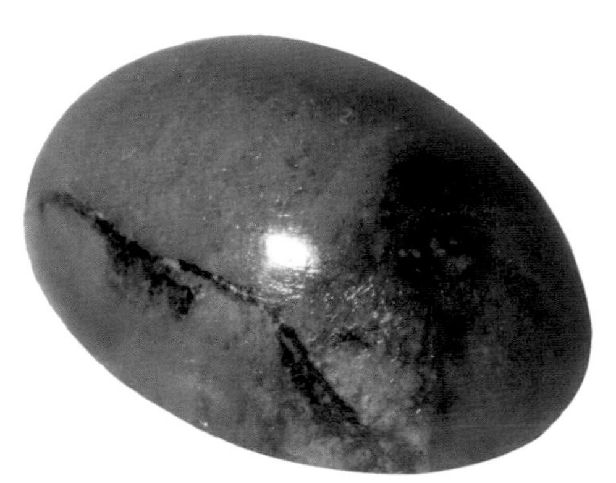

粉紅色是由錳這個成分導致，而常見的黑色條紋是錳元素氧化後的部分。偶爾會發現透明紅色晶體，比不透明的玫瑰石更容易碎裂，難以切磨出刻面。日本曾在錳礦山開採玫瑰石，但現在礦山已關閉。

紅紋石（菱錳礦） Rhodochrosite

成分　$MnCO_3$　　顏色 ●●●○●

形成刮痕的難易度 ☆☆☆★★★★★★★　　損壞難易度 ☆★★★★

透明晶體中呈現與紅寶石相似的紅色，英文名源自希臘語中的「玫瑰（rhodon）」和「顏色（chrosis）」。由於容易被劃傷或因碰撞碎裂，因此有刻面的紅紋石數量有限。粉紅色為底帶有白色條紋呈半透明至不透明的紅紋石，因為產自阿根廷而被稱為「印加玫瑰」。

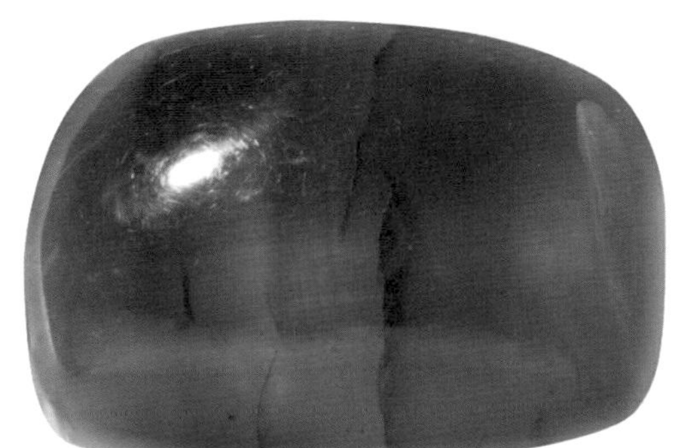

紅紋石的粉紅色、紅色跟玫瑰石一樣是因為錳而致色，由於晶體呈菱形，又稱「菱錳礦」。此外，紅紋石也是提煉錳的礦石礦物之一。

被稱為「印加玫瑰」的不透明紅紋石。

寶石照片測驗

請回答這個寶石的名稱。
閱讀無色、白色、黑色寶石的章節來推理吧！

答案在 p.122

6

無色、白色、黑色寶石

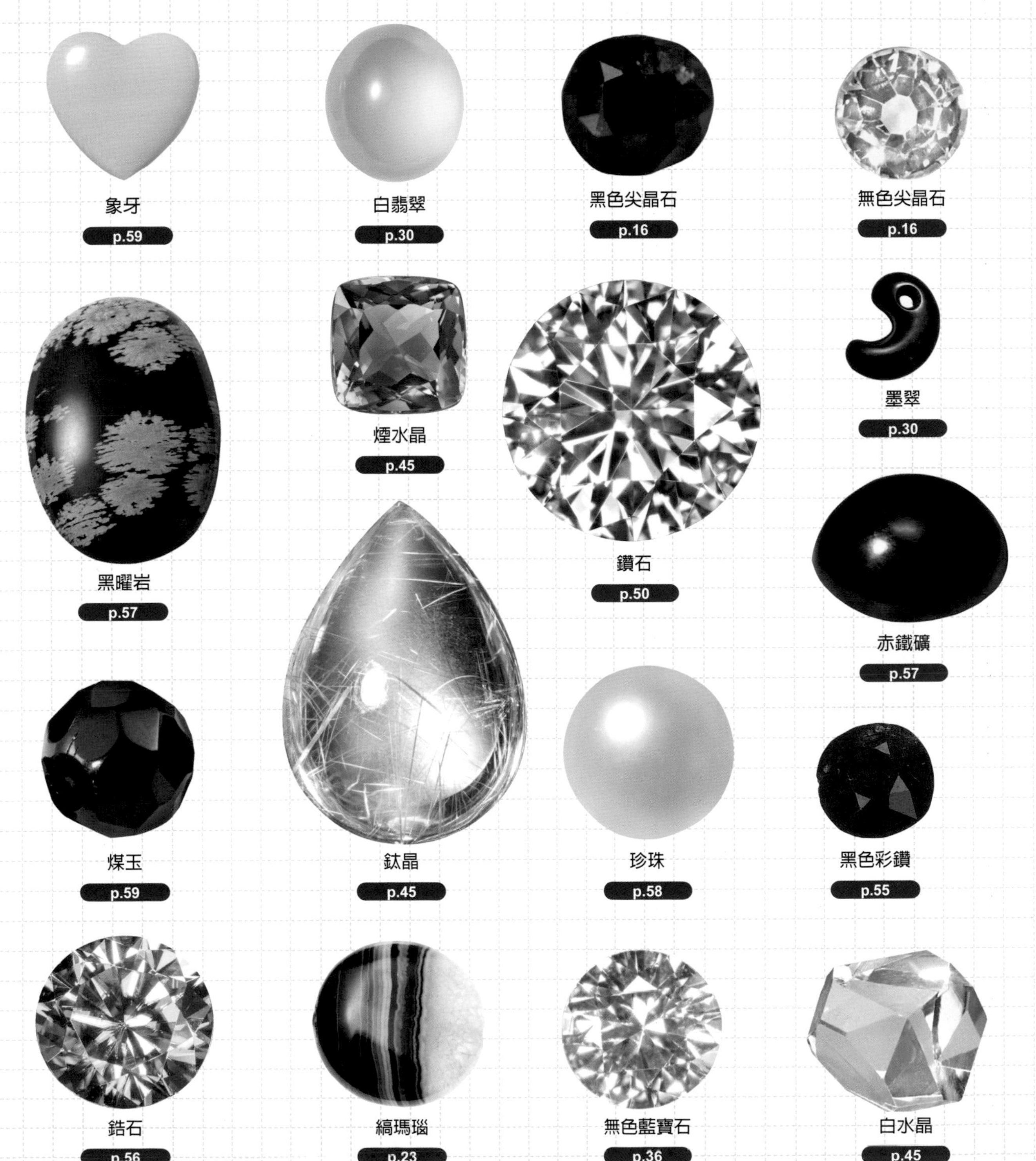

COLORLESS & WHITE & BLACK

鑽石 Diamond

成分　C

顏色

形成刮痕的難易度　★★★★★★★★★★

損壞難易度　★★★★★

鑽石是唯一一種僅由單一元素（碳）組成的寶石。大部分的鑽石是在 10 億～ 30 億年前結晶，遠早於人類誕生。在地表下超過 150 公里深的地函中，聚集碳元素形成。

在地底深處形成的鑽石，於 25 億年前至 2 千萬年前隨著岩漿以非比尋常的速度上升，一起被帶到地表附近。攜帶鑽石的岩漿冷卻凝固後成為一種名為「金伯利岩」的岩石，形成產出鑽石的礦脈「金伯利岩岩管」（p.68）。之後經過漫長歲月，鑽石周圍的金伯利岩被風化侵蝕後，鑽石在地面上現身。

現今已開採的鑽石中，大約有一半用於珠寶，另一半用於工業。工業用途包括生產拋光鑽石用的「鑽石粉末」。隨著科學研究進步，近年來也研發製造出人工的「合成鑽石」。

正八面體的鑽石原石被岩漿冷卻凝固後形成的「金伯利岩」包圍。

鑽石璀璨閃耀的原因

鑽石是最堅硬的寶石。當鑽石表面被拋光到如同鏡面般光滑時，照射在鑽石上的光就會像在鏡子上反射般熠熠生輝。

此外，由於光線進入鑽石後會經折射分散成七彩色光，所以可在鑽石的光芒中看見各式各樣的顏色。而且光線會在鑽石內部多次反射，使鑽石看起來更加明亮。下面照片是將雷射光照射在鑽石原石上。由於綠光在晶體中多次反射，使鑽石看起來像是從內部發出綠光。

進入鑽石原石中的光線會在內部不斷反射而不會流失，所以看起來就像在發光。

鑽石與人類的相遇

一般認為鑽石與人類的初次相遇發生在西元前 800 年左右的印度。印度有很長一段時間是鑽石的唯一產地，鑽石和其他寶石一起透過絲路（p.104）被帶往其他國家。在 15 世紀「用鑽石琢磨鑽石」的技術確立後，鑽石成為以閃耀動人光芒為特徵的寶石。

到了 18 世紀初，鑽石的產地從印度轉移到巴西。隨著明亮式切工（p.93）的出現，以及 19 世紀動力來源從人力轉變為蒸氣，可以更準確地琢磨出大量的鑽石。而且就像是要滿足因工業革命而致富的人們需求，在南非發現了巨大的鑽石礦床（p.72）。

隨著開採量大幅增加，動力從蒸氣轉為電力且加工技術持續進步，鑽石成為珠寶產業的中心。進入 20 世紀後，在非洲、俄羅斯、澳洲和加拿大都有礦山開發，如今年產量已超過 1 億克拉（20 公噸）。

圓形明亮式切工

梨形花式切工

馬眼形花式切工

祖母綠切工

玫瑰式切工

未切割鑽石　～原始狀態下美麗獨特的鑽石原石～

提到鑽石，我們首先會想到在明亮式切工下璀璨閃耀的模樣。但是在鑽石與人類相遇的3000多年歷史中，明亮式切工是近300年才出現的。很長一段時間即使鑽石沒有經過切割或切磨，原始狀態下展現自然美的未切割鑽石仍被視為珍寶。

據說以前統治印度的摩訶羅闍（印度語：君主之意）會將美麗的鑽石原石留在身邊，其餘的進行交易。正因為鑽石相當堅硬，即使遭受風化侵蝕，也能保持在地底下孕育出的結晶形狀，存在於我們面前。

未切割鑽石與加工完成的鑽石不一樣，每個都有獨特外觀。事實上，鑽石的產地特徵在經過琢磨後就無法辨認，若是未切割鑽石就可以判斷。

從科學的角度來看，鑽石能成為我們在解開地球祕密上提供線索的神祕石頭。未切割鑽石是一種寶物，讓我們從真實小巧的晶體中，感受到地球的奇蹟。

每一個都不一樣，有各式各樣形狀、圖案和紋理。尤其是形狀整齊完美的正八面體，若用5公斤的米來比喻，就是一袋米裡可能只有一兩撮，非常罕見。

彩鑽

鑽石幾乎完全由碳元素組成。有時會因為微量的其他成分或碳原子的排列方式變形而產生顏色。

粉 粉紅色彩鑽

紅 紅色彩鑽

一般認為粉紅色彩鑽的粉紅色是因為原子的排列方式變形而呈現。在粉紅色彩鑽中，帶藍色調的會成為紫色彩鑽，有紅色的話會成為紅色彩鑽。紅色彩鑽在眾多彩鑽中是最稀有的。

紫 紫色彩鑽

藍 藍色彩鑽

因為硼而呈現藍色。世界上最著名的寶石之一，就是藍色的「希望鑽石」，於 17 世紀在印度被發現，經由在絲路旅行的塔維涅（p.105）帶給法國王室。現於美國的史密森尼國家自然史博物館展示，吸引許多人關注。

黑色彩鑽

和其他鑽石不同，晶體中含有石墨或其他礦物等內含物（p.63），因此看起來是黑色的。

美麗的黑色彩鑽近年來作為珠寶愈來愈受歡迎。但原本就有顏色分布不均的特性，因此能成為寶石的黑色彩鑽並不多。

橙 橙色彩鑽

含氮時會呈現黃色。許多無色鑽石也帶有淡黃色。加上晶體結構（p.80）的變形會轉為橙色。

黃 黃色彩鑽

綠 綠色彩鑽

一般認為天然輻射導致原子排列方式變形是綠色彩鑽的顏色由來。世界上最著名的綠色彩鑽是在德國博物館展示的「德勒斯登綠鑽」。重達 41 克拉，是極其罕見的天然綠色彩鑽。

鋯石（風信子石） Zircon

成分 $ZrSiO_4$

顏色   

形成刮痕的難易度 ☆☆☆☆☆☆☆☆☆☆

損壞難易度  

據說鋯石是地球上最古老的礦物。以晶體中含有的微量成分為線索測定年代時，發現一顆在 44 億年前形成的鋯石。鋯石有各種不同顏色，且擁有像鑽石一樣的七彩光芒。

在 1990 年代初期以前，鋯石一直是替代鑽石的代表性寶石。日本將紅色、橙色和黃色的鋯石稱為「風信子石」。天然的鋯石原石通常呈褐色，可以藉由加熱變成藍色或無色，但無論是天然的顏色還是加熱後的顏色，都會隨時間推移而褪色或變得黯淡。這是因為鋯石的晶體中含有天然的放射性成分，會逐漸改變晶體結構（p.80）。

與鑽石最大的不同是，鋯石具有將光往兩個方向折射的特性。仔細觀察切割後的鋯石，可以看到對面的刻面稜線（面與面相交所形成的線）有重影。鑽石則是一條清楚的稜線，此為辨別兩者的關鍵。

幾個面與面之間的線，看起來有重影的鋯石。

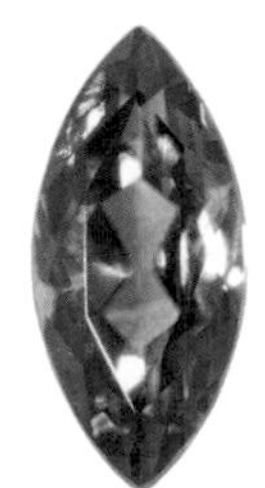

紫 紫鋯石

紅 紅鋯石

橙 橙鋯石

黃 黃鋯石

綠 綠鋯石

藍 藍鋯石

赤鐵礦 Hematite

成分　Fe_2O_3

顏色 

形成刮痕的難易度 ☆☆☆☆☆⯪★★★★

損壞難易度 ☆☆★★★

赤鐵礦拿起來很沉，具有令人印象深刻的獨特黑色光澤。磨成粉末的話，會變成紅色，已知 4 萬年前赤鐵礦被當作洞穴壁畫的顏料。英文名 Hematite 源自希臘語中的「血（haima）」。

赤鐵礦的成分 70% 是鐵，大部分被當作工業用的鐵礦石開採。其中美麗的石頭被視為寶石，除了採用凸圓面切工之外，也會用作雕刻的材料。原石有些地方黝黑發亮，有些則因為表面的鐵氧化變成紅色。

黑曜岩 Obsidian

成分　SiO_2 等

顏色 

形成刮痕的難易度 ☆☆☆☆☆★★★★★

損壞難易度 ☆★★★★

黑曜岩是一種天然的玻璃。由特殊成分的岩漿急速冷卻而成。它的透明度各不相同，多為灰色至黑色。帶有白色雪花狀晶體的黑曜岩被稱為「雪花黑曜岩」。

劈開黑曜岩會產生鋒利的刀口，以前的人們會把它加工製成小刀或箭頭。日本似乎從舊石器時代就開始使用。有時會在遠離產地的遺址中被發現，成為調查過去人類流動和貨物貿易的線索。

珍珠 Pearl

成分　$CaCO_3$

顏色 

形成刮痕的難易度 ☆☆☆☆☆☆☆☆☆☆

損壞難易度 

珍珠是從生物活動中獲得的寶石。美麗而獨特的光澤乃由貝類體內分泌的物質層疊形成，與需要經過琢磨才能顯現美麗的礦物寶石不同，珍珠是從貝殼內被發現那一刻起就閃閃發光的寶石。

在 1900 年左右養殖技術發明前，珍珠是在海裡或河裡貝類中偶然發現的罕見之物。自古以來在世界各地都被視為珍寶，傳說埃及豔后克麗奧佩脫拉會將珍珠溶解在醋中飲用。日本從 5000 多年前就開始採集珍珠，在奈良時代的《萬葉集》、《古事記》以及平安時代的《竹取物語》中均有記載。

由於天然珍珠的產量減少，現在只能從過去的珠寶欣賞。如今交易市場上的珍珠大多是「養殖珍珠」，也就是將種核植入人工養殖的貝類中，等待珍珠層形成的珍珠。珍珠貝的種類會決定珍珠顏色和大小。

Akoya 養殖珍珠

日本盛產的養殖珍珠。Akoya 貝比其他珍珠貝小，生產的珍珠直徑約 2 ～ 10mm。因為是在水溫較低的地區養殖，珍珠帶有強烈且美麗的光澤。

黑蝶貝養殖珍珠

來自黑蝶貝（黑蝶真珠蛤）的養殖珍珠。1970 年代開始在大溪地生產。除了黑色，還有產出名為「孔雀」，帶有綠色調的珍珠。

淡水養殖珍珠

池蝶貝等生活在淡水的二枚貝所生產之養殖珍珠。有各式各樣的大小、顏色和形狀。

白蝶貝養殖珍珠

來自白蝶貝（白蝶真珠蛤）的養殖珍珠。直徑 10mm 以上的大顆珍珠，色調呈銀色或金色。

有機寶石 Organics

大部分的寶石是地球生成礦物，但也有一些是由動物或植物所生產。除了珍珠和珊瑚外，玳瑁、象牙和琥珀這些源自生物的寶石在日本一直備受重視。常見於帶扣或髮簪等和服首飾中。現在有些採集受到維護生物多樣性的《華盛頓公約》限制和禁止，交易量逐漸減少。

琥珀

樹木的樹脂經過化石化作用而形成。大多來自 2500 萬年至 6000 萬年前。有些琥珀中會封存已滅絕的植物或昆蟲，就像是小型的時間膠囊。

煤玉

是水中沉積的木材經過化石化作用的一種煤炭。可以燃燒，且摩擦時會產生靜電，所以從古代開始就被用於驅魔避邪。因為質地柔軟且容易加工，在新石器時代被用來製作裝飾品。

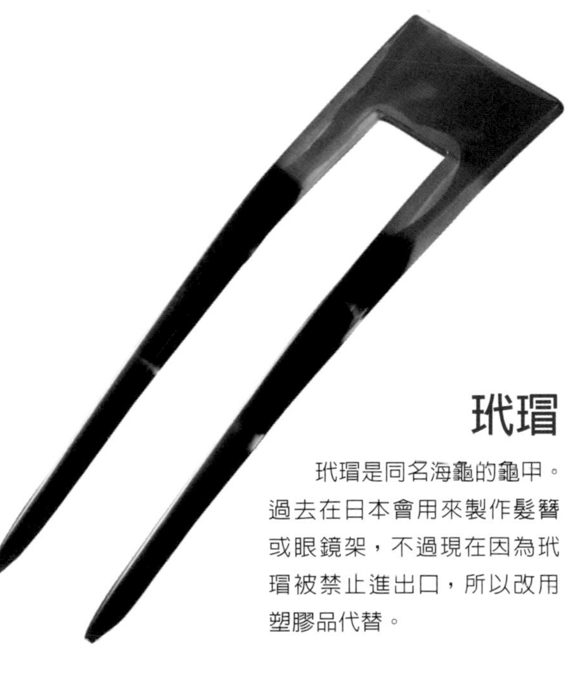

玳瑁

玳瑁是同名海龜的龜甲。過去在日本會用來製作髮簪或眼鏡架，不過現在因為玳瑁被禁止進出口，所以改用塑膠品代替。

象牙

大象的獠牙。由於《華盛頓公約》限制交易，因此現在販售的象牙通常是猛獁象的象牙化石或海象牙。

寶石
照片測驗
請回答這個寶石的名稱。
閱讀奇特光芒的寶石
章節來推理吧！
答案在 p.122

奇特光芒的寶石

亞歷山大變色石

p.62

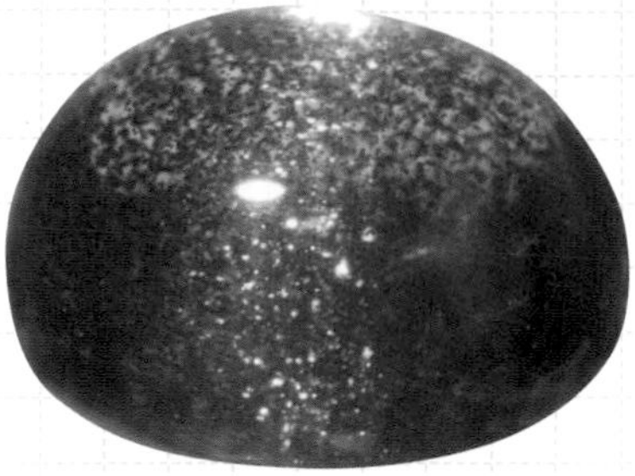

日長石

p.66

星光紅寶

p.63

藍月長石

p.66

金綠玉貓眼石

p.62

火蛋白石

p.65

礫背蛋白石

p.65

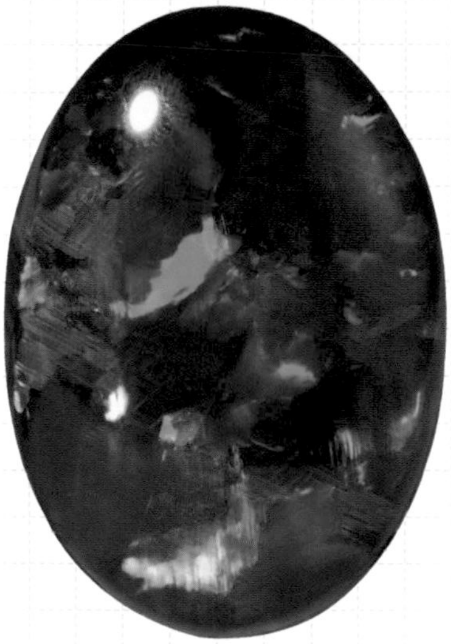

黑蛋白石

p.64

星光藍寶

p.63

水晶蛋白石

p.65

PHENOMENA

亞歷山大變色石 Alexandrite

成分 $BeAl_2O_4$

顏色 ●●●●●●●

形成刮痕的難易度 ☆☆☆☆☆☆☆☆☆★

損壞難易度 ☆☆☆☆★

亞歷山大變色石是具有變色效應（p.84）的代表性寶石。在陽光下呈現綠色，白黃光燈照射下則呈現紅色，因此被譽為「白晝裡的祖母綠，黑夜裡的紅寶石」。在名為金綠寶石的礦物中，含有微量鉻元素的透明亞歷山大變色石非常稀有。顏色變化清晰可見的亞歷山大變色石將獲得很高的評價。

亞歷山大變色石是 1830 年代在俄羅斯的烏拉山脈被發現。被獻給俄羅斯皇帝，並以皇儲亞歷山大二世的名字命名。雖然俄羅斯產的亞歷山大變色石已經開採完畢，但斯里蘭卡和巴西等地還有產出。

同一個吊墜在不同光源下拍攝的照片

金綠玉貓眼石 Cats-eye

成分 $BeAl_2O_4$

顏色 ●●●●●●

形成刮痕的難易度 ☆☆☆☆☆☆☆☆☆★

損壞難易度 ☆☆☆★★

當光線照射在琢磨成圓頂狀的寶石上時，表面會浮現一道光帶，這種現象稱為「貓眼效應」。如果寶石移動，光帶也會隨之移動，很像是貓咪的瞳孔變圓變細。當細小的針狀結晶或空洞在寶石中彼此平行排列時，就會出現這種效應。通常所謂的貓眼石是指具有貓眼效應的金綠寶石，但碧璽或祖母綠等寶石也可能會出現這種效應。

當光線垂直照射在光帶上時，靠近光源的部分呈蜂蜜色，距離光源較遠的部分呈牛奶色，就是所謂的「牛奶蜂蜜色」。

貓眼效應（Chatoyancy）的「Chat」在法語中是貓咪的意思。

星光紅寶 / 星光藍寶 Star ruby / Star sapphire

成分　Al_2O_3

顏色

形成刮痕的難易度　☆☆☆☆☆☆☆☆☆★

損壞難易度　☆☆☆☆★

當發現紅寶石或藍寶石原石時，會先將透明度高的切磨成刻面（p.91）寶石。然後檢查半透明的原石中，被稱為「絲狀內含物」的微小金紅石晶體是否有在寶石內部以 120 度角相交。如果絲狀內含物量恰到好處，會採用凸圓面切工（p.92）以產生「星光效應」。

星光效應是一種當光照射在琢磨成蛋面狀的寶石上時，浮現交錯線條的現象。在原石不切割太多的情況下，要琢磨到顏色好看且星光位置清晰顯現在正中央非常困難。想要更仔細檢視星光效應，可以用筆燈照射寶石表面，當筆燈移動時星光現象也會隨著光源移動。色澤好且星光清晰可見，再加上透明度高的寶石，會獲得很高的評價。

星光效應也被稱為「星彩現象」。這種現象也能在石英或尖晶石中看到。

星光紅寶

星光藍寶

什麼是「內含物」？

內含物是指寶石晶體內所包含的其他礦物、空洞或微小裂隙。內含物會產生貓眼效應或星光效應，有助於鑑定寶石的種類和產地（p.114），也是判斷寶石是否有加熱優化（p.87）的重要線索。

藍寶石的絲狀內含物。可以看到無數的金紅石以 120 度角相交。

蛋白石（歐珀） Opal

成分 $SiO_2 \cdot nH_2O$　　顏色 ●●●○●●●●○●●

形成刮痕的難易度 ☆☆☆☆☆★★★★★　　損壞難易度 ☆★★★★

蛋白石被羅馬人命名為「珍貴的石頭（opalus）」。在阿拉伯的傳說中，蛋白石是與閃電一起從天而降。一顆石頭中可以看到各種不同的顏色，一轉動就會改變顏色和圖案，所以常被比喻為「萬花筒」。

蛋白石是由跟矽膠乾燥劑幾乎相同成分的二氧化矽組成，比矽膠乾燥劑更小的球形顆粒整齊緊密反覆排列在一起。縫隙間存在水分。蛋白石既可以吸收空氣中的水分，也能釋放水分到空氣中。如果過度乾燥，蛋白石會出現裂紋。

蛋白石可分為能看到七彩色光與看不到七彩色光兩種。能看到七彩色光的稱為「貴蛋白石」，看不到的則稱為「普通蛋白石」。蛋白石的七彩色光稱為「遊彩效應」（變彩效應）。擁有遊彩效應的優質蛋白石很稀有，無疑是珍貴的寶石。

雨季水位上升時，地下水將蛋白石的成分帶到岩石之間的縫隙中，當乾季來臨，只有蛋白石的成分殘留，並逐漸累積成蛋白石。

黑蛋白石

底色為黑色或深藍色。會出現像馬賽克一樣明亮強烈的遊彩效應。大片且色塊稜角分明的遊彩圖案被稱為「彩紋（Harlequin）」。發現於澳洲，自 1903 年開始交易。

從側面看，是底下帶有母岩的礫背蛋白石。

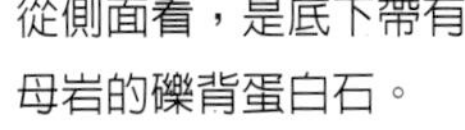

水晶蛋白石

透明度高的「水晶蛋白石（Crystal Opal）」或半透明且略帶白色底色的蛋白石。從羅馬時代開始在匈牙利開採，並在 19 世紀流行的「新藝術風格珠寶」中大量使用。

礫背蛋白石

背面附著母岩一起切磨而成的蛋白石，有各式各樣的形狀。英文名 Boulder 是「大圓石」的意思，乃因自澳洲昆士蘭州的圓形石頭中發現而得名。

具有遊彩效應

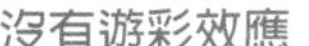

沒有遊彩效應

火蛋白石

底色為紅色、橙色和黃色，透明至半透明的蛋白石。具有遊彩效應的採用凸圓面切工（p.92），幾乎或完全沒有遊彩效應的則製作為刻面寶石。

月長石（月光石） Moonstone

成分　$KAlSi_3O_8$　　顏色　○●

形成刮痕的難易度　☆☆☆☆☆☆★★★★　　損壞難易度　☆★★★★

在印度教神話中月長石被認為是月光凝結而成。因此古羅馬和希臘也將月長石與月亮女神連結在一起。月長石是歷史悠久的寶石，在西元 100 年左右的羅馬時代就被用於珠寶。經常在古董珠寶中使用，例如 19 世紀後半的新藝術風格珠寶。

是地殼（p.68）含量最多的礦物 — 長石（Feldspar）家族中的寶石。藍白色的流動光輝被稱為「冰長石暈彩（Adularescence）」，由兩種長石交替堆疊而形成。

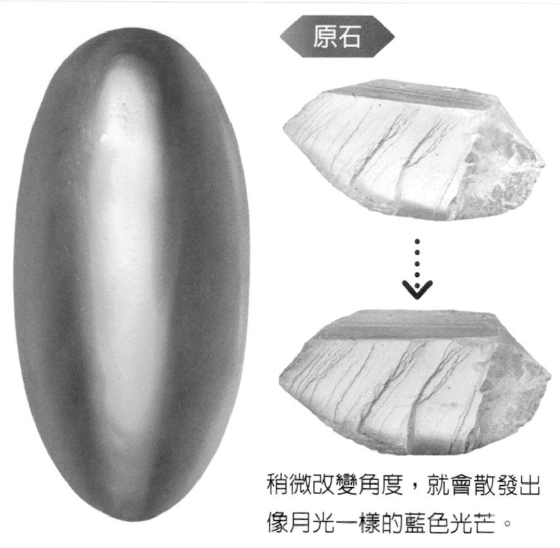

稍微改變角度，就會散發出像月光一樣的藍色光芒。

日長石 Sunstone

成分　$NaAlSi_3O_8$※　　顏色　●●○

形成刮痕的難易度　☆☆☆☆☆☆★★★★　　損壞難易度　☆★★★★

長石在地殼中很常見，但只有特別美麗的長石被視為寶石。日長石就是其中之一。日長石的晶體內部散布著銅的扁平晶體，具有一動就會閃閃發光的「灑金效應」特徵。

由於月長石和日長石都是根據寶石的獨特現象而命名，因此被歸類為長石家族中的幾種礦物。

此外，可以沿著晶面看到藍色光芒的拉長石，以青綠色為特徵的天河石，都是長石家族的寶石。

天河石

呈現美麗青綠色的天河石。

原石

拉長石

藍光被比喻為「鳳蝶的翅膀」。

※ 標示最先發現的礦物種「鈉鈣長石」之成分。
日長石也可以在其他種長石礦物，如拉長石或正長石中發現。

第 2 章
寶石的祕密

從上至下依序為紅寶碧璽、藍寶石和沙弗萊。

誕生的祕密？

1 | 寶石在哪裡誕生？

寶石的誕生場所大致可分為「地表」、「地下淺層區」、「地下深層區」、「地下極深層區」4 種。在「地表」之外形成的寶石大部分是地球內部生成的礦物，很少出現在我們觸手可及的地表上。

在地下深層區形成的寶石

紅寶石、藍寶石和碧璽等是在約 30 ～ 60 公里深的地下形成。寶石的成分會在地熱與壓力作用時，或岩漿冷卻凝固時相遇。晶體在適當的溫度和壓力下生成，慢慢冷卻凝固後形成寶石。

紅寶石

藍寶石

碧璽

在地下極深層區形成的寶石

貴橄欖石和鎂鋁榴石是在地下約 100 公里處形成，鑽石則是在地下約 150 公里甚至更深處，在溫度和壓力非常高的地方生成。隨著岩漿上升被帶到地表附近，與人類相遇成為寶石。

貴橄欖石

鑽石

鎂鋁榴石

※ 鑽石在箭頭指向的更深處生成。

寶石是由大自然的力量所創造。熱量和壓力在地球內部傳遞，水和岩漿等物質緩慢移動。只有當地球的這些活動組合在一起時，寶石才會誕生。那麼寶石是在地球的什麼地方怎麼誕生，並與人類相遇的呢？

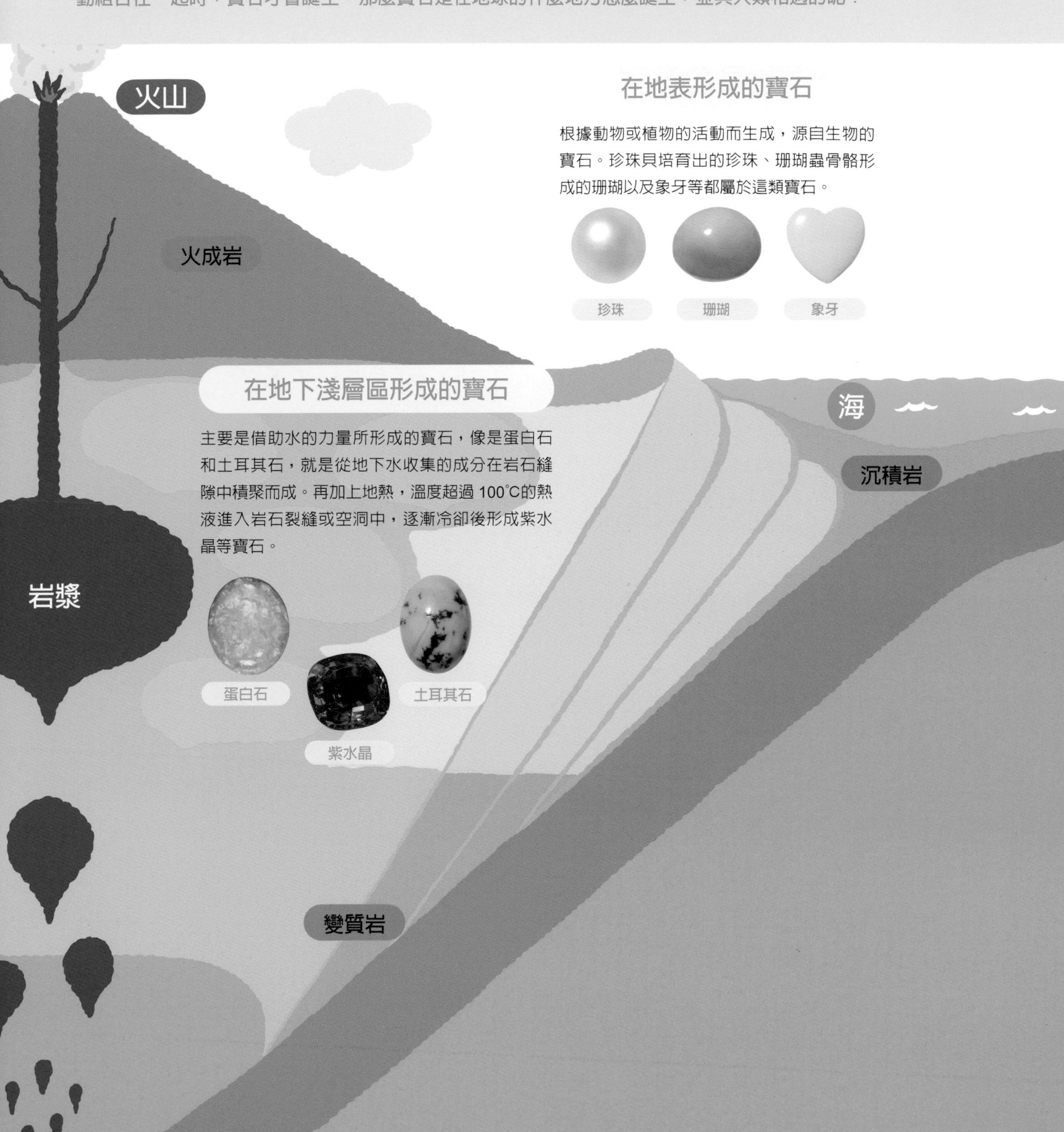

在地表形成的寶石

根據動物或植物的活動而生成，源自生物的寶石。珍珠貝培育出的珍珠、珊瑚蟲骨骼形成的珊瑚以及象牙等都屬於這類寶石。

珍珠　珊瑚　象牙

在地下淺層區形成的寶石

主要是借助水的力量所形成的寶石，像是蛋白石和土耳其石，就是從地下水收集的成分在岩石縫隙中積聚而成。再加上地熱，溫度超過 100˚C的熱液進入岩石裂縫或空洞中，逐漸冷卻後形成紫水晶等寶石。

蛋白石　紫水晶　土耳其石

※ 地殼和地函，以及火成岩、變質岩和沉積岩等岩石的說明在 p.70 ～ p.71。

2 ｜地球創造寶石的力量

大約 46 億年前，地球是由太空中飄浮的星體經歷吸積、碰撞而誕生。剛形成的地球是一團熾熱的熔融岩漿。現在地球表面已經冷卻凝固，但內部仍非常高溫。

地球是水煮蛋？

大家知道我們居住的地球內部是什麼樣子嗎？據說地球和水煮蛋很相似。

地球是直徑 1 萬 2742 公里的球體，內部大致可分為三個部分。等同水煮蛋外殼的地殼，是距離地表僅 30 ～ 60 公里的薄層。等同蛋白部分的地函，占地球體積的 80%。與中心蛋黃相對應的部分是地核。在 p.68 ～ p.69 中，「地下淺層區」和「地下深層區」對應「地殼」，「地下極深層區」對應「地函」。

地球內部形成的岩石

位於地下極深處的地函，由黏稠且高溫的物質構成，是會緩慢上下循環持續流動的區域。這種對流環流被稱為「地函熱對流」。地函熱對流與地球活動密切相關，影響大陸板塊移動和岩漿形成。地球活動過程中會產生包含寶石在內的各種礦物，這些礦物聚集在一起形成岩石。

岩漿冷卻凝固後形成的岩石是「火成岩」。當火成岩或其他岩石暴露於地表，經過風雨風化侵蝕最終變成砂粒，再經由河流搬運在海洋或湖泊底部堆積。沉積物膠結而成的岩石稱為「沉積岩」。當任何岩石沉入地下，靠近岩漿或受到大陸板塊擠壓，在高溫、高壓影響下，其成分和結構發生變化，成為與以往不同的「變質岩」。

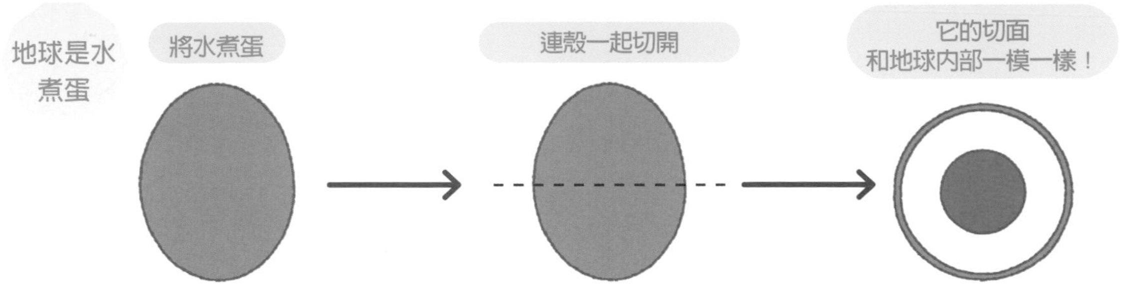

地球是水煮蛋
將水煮蛋
連殼一起切開
它的切面
和地球內部一模一樣！

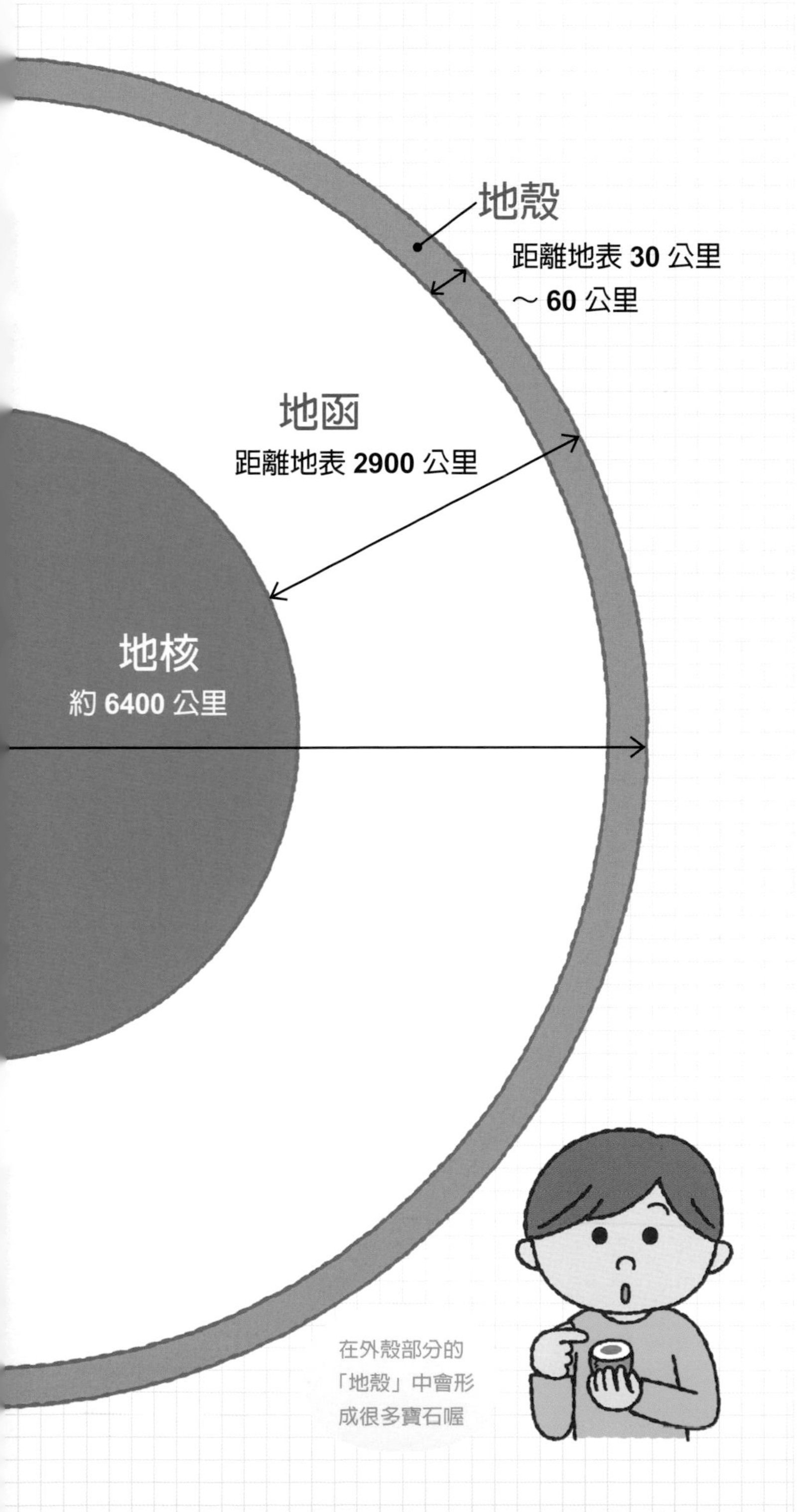

地殼
距離地表 30 公里
～60 公里
地函
距離地表 2900 公里
地核
約 6400 公里
在外殼部分的
「地殼」中會形
成很多寶石喔

岩石循環與寶石

當岩石被拖入地下深處，會熔融成新的岩漿，冷卻凝固後成為新的火成岩，這就是「岩石循環」。

火成岩
岩漿和熱液
岩漿和熱液
變質岩
沉積岩
熱液

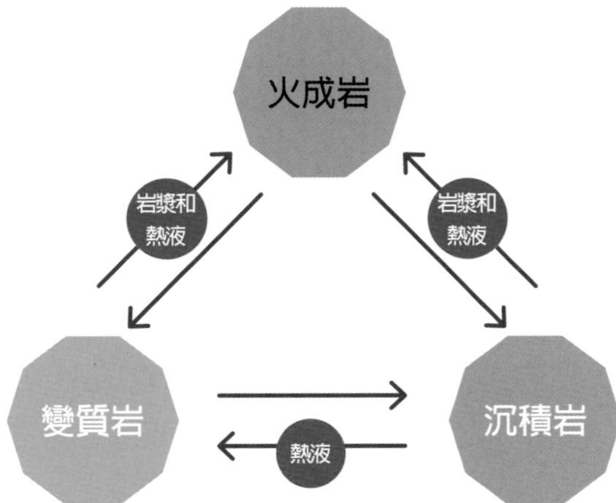

我們生活的地球表面，即地殼，是由岩石組成。岩石看似堅硬不變，但還是會在地球的活動過程中慢慢改變。當岩石改變形態時，構成岩石的礦物也會改變，有時會變成不同的礦物。

礦物是在岩石循環中產生，有時會出現在地表。岩漿冷卻凝固時，殘留物聚集在一起，或經由岩漿的熱能和地下的壓力將許多成分熔成「熱液」，進入地下的縫隙或裂縫中冷卻，產生新的礦物。然後透過地熱和壓力，又會產生不同的礦物。

在這耗費大量時間的過程中，誕生各式各樣的礦物，只有那些美麗、耐久且大小足以讓人欣賞的礦物才能成為寶石。

3 ｜「礦床」是寶石的聚集地

人類可以乘坐火箭登上距離地表 38 萬公里的月球，但往地下挖掘的最深紀錄只有 12 公里。紅寶石和藍寶石是在地下 30 ～ 60 公里處形成，鑽石則是在地下 150 公里以上的深處形成，我們無法探訪寶石的誕生地。那麼寶石是怎麼和人類相遇的呢？

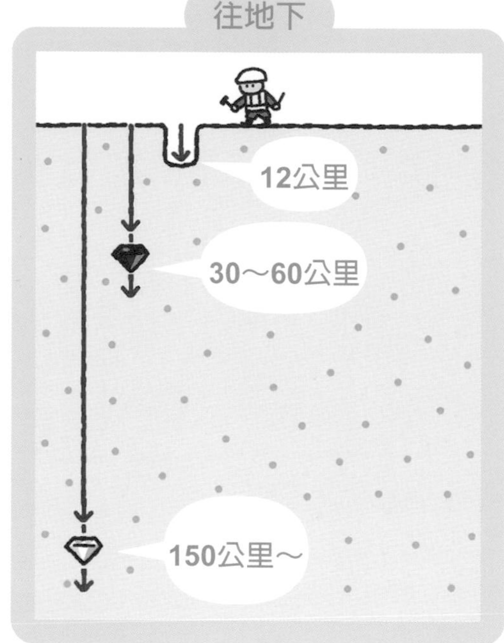

原生礦床的遺址

位於南非金伯利的挖掘場遺跡「Big Hole」。在 1871 年發現鑽石的礦床。人們挖了一個洞，直接挖出被岩漿帶到地表附近的鑽石。

風化作用

承載寶石的岩石暴露於地表，在氣溫變化和風雨作用下變得脆弱，從表面開始剝落。

在地下生成的寶石是如何與人類相遇？

發現許多寶石的地方稱為「礦床」。當在地下深處誕生的寶石被捲入往地表上升的岩漿中，或含有寶石的地層被推升時，就會接近地表。原始狀態下人類肉眼看不見，但可透過挖掘發現。像紫水晶或蛋白石這種產自地下淺層區的寶石，就可以被挖掘出來。以這種方式發現的礦床稱為「原生礦床」。

有時大自然會借助水或風的力量在地表上切割，挑選、分離和收集寶石。如下圖所示的「寶石堆」，即使被沙土掩埋，也可以不用像原生礦床那樣挖掘深穴就能找到寶石，這樣形成的礦床稱為「次生礦床」。

在礦山或礦山附近工作的人們，會像大自然一樣借助水的力量挑選和收集寶石。

在斯里蘭卡挑選寶石的工作過程。將泥砂礦放入篩網中，透過河水沖洗收集原石。

新瀉縣糸魚川的翡翠海岸。前面的石頭上放著翡翠原石。

次生礦床的形成方式

侵蝕作用

表面斑剝的岩石逐漸被河流磨蝕。

搬運作用

寶石和經磨蝕後的岩石一起變成砂礫，被河流輸送。

堆積作用

寶石比其他砂礫堅硬，不太會破碎或磨損。而且寶石比沙礫重，不容易被沖走。因此只有比較重的寶石沉澱聚集，堆積在河底或海底的特定位置，形成「寶石堆」。

寶石知道地球的祕密

我們可以在地球上的許多地方開採出各式各樣的寶石。有些地方即使相距甚遠，仍能開採到非常相似的同種類寶石。

例如非洲的馬達加斯加和印度洋的斯里蘭卡雖然距離很遠，卻能開採到很相似的藍寶石。這是為什麼呢？讓我們了解這個「地球的祕密」吧！

地球約 2 億 5000 萬年前的樣貌

一些科學家認為，能開採到特徵相似的寶石，是因為這些地方在很久以前曾相連。已知我們生活的地球表面每年都會移動幾公分。根據研究顯示，現在分為六大塊的大陸會不斷接合和分裂。一般認為現今的世界形狀大約是從 2 億 5000 萬年前曾經相連的超大陸開始逐漸分裂移動而形成。

約2億5000萬年前

這個時期的地球只有一個超大陸。隨著超大陸開始分裂，非洲大陸和歐亞大陸之間的海洋逐漸擴大。

歐亞大陸
北美大陸
印度
澳洲大陸
南美大陸
非洲大陸
斯里蘭卡
南極大陸
馬達加斯加

大陸移動導致寶石移動

距今約 6 億至 5 億年前，逐漸集結而成的兩個巨大陸塊合併在一起。當大陸相互碰撞時，它們周圍地下的溫度和壓力會上升，改變礦物的成分和構造，產生包含寶石在內的新礦物。在那裡形成的寶石隨著 2 億 5000 萬年前分裂移動的大陸分散。因此可以解釋為什麼可以在現今相距甚遠的馬達加斯加和斯里蘭卡發現特徵相似的寶石。

在很久以前誕生的寶石，透過自然的力量出現在地表，有些會被發現，有些因為後來的地殼變動沉到地下，重生為其他礦物，有些可能至今仍未被發現。我們無法看見地球數億年前的樣貌，但可以取得當時誕生的寶石進行調查。「地球的祕密」仍有許多未解之謎，調查寶石就是研究地球祕密的關鍵。

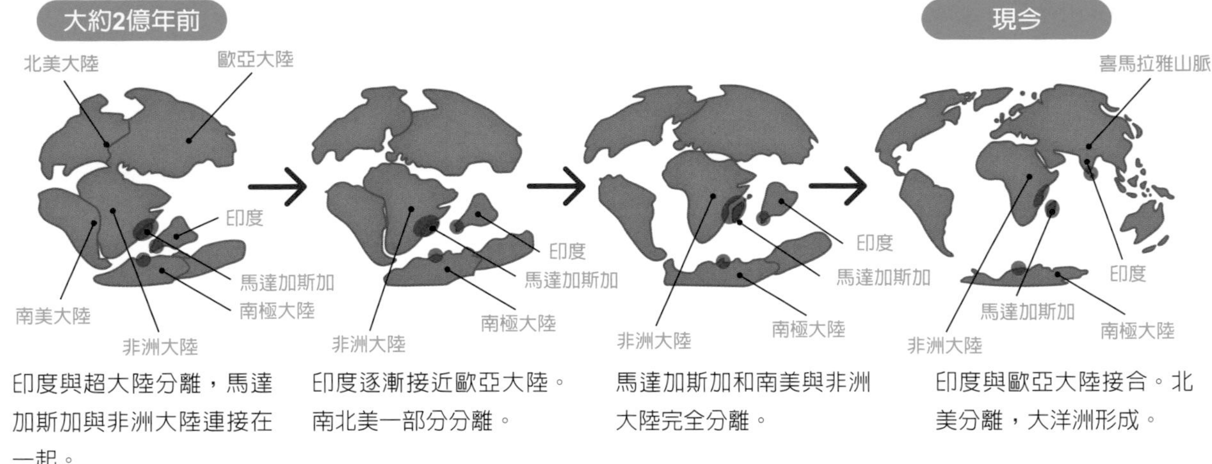

印度與超大陸分離，馬達加斯加與非洲大陸連接在一起。

印度逐漸接近歐亞大陸。南北美一部分分離。

馬達加斯加和南美與非洲大陸完全分離。

印度與歐亞大陸接合。北美分離，大洋洲形成。

大陸間的碰撞！

當大陸相互碰撞並合併時，該地區的岩石受到熱能和壓力影響，轉變為變質岩，並產生各式各樣包含寶石在內的新礦物。

擁有世界第一高峰聖母峰的喜馬拉雅山脈，是印度與歐亞大陸碰撞推升而成。喜馬拉雅山脈周遭一帶是寶石寶庫，阿富汗和巴基斯坦出產祖母綠，印度和巴基斯坦邊境附近有藍寶石，緬甸出產紅寶石和翡翠。

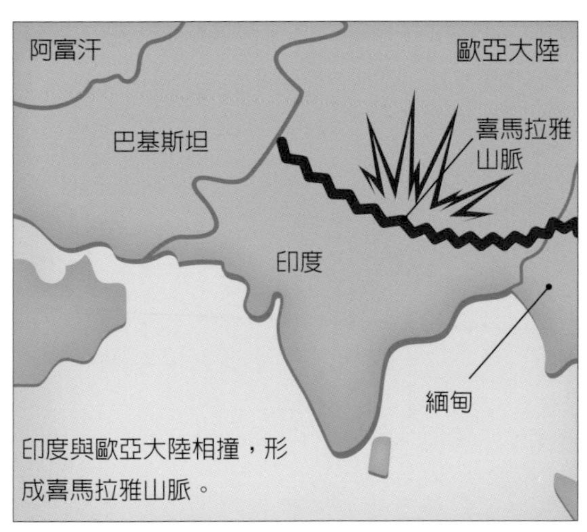

印度與歐亞大陸相撞，形成喜馬拉雅山脈。

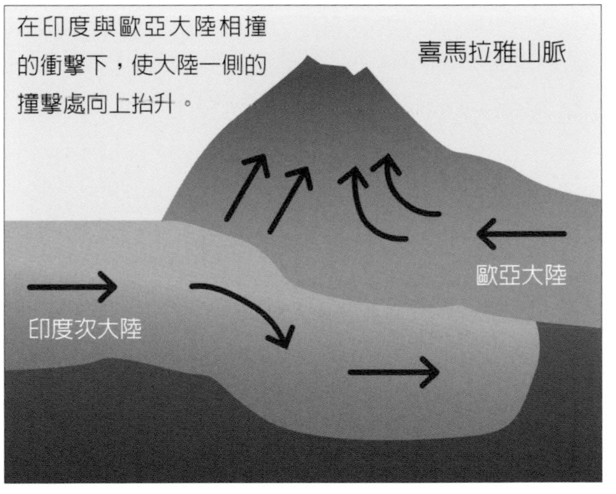

在印度與歐亞大陸相撞的衝擊下，使大陸一側的撞擊處向上抬升。

鑽石告訴我們地下的祕密

就像我們無法看到很久以前的地球一樣，我們也無法直接觀察地球內部的現況。但透過各式各樣研究，我們已經了解到地球內部像「水煮蛋」。此外，探求地球祕密的另一種方法是，研究從地下 150 多公里深處來到地表的鑽石。

一般認為在地下深處誕生的鑽石乃由岩漿噴發時，被帶到接近地表的地方（p.68）。鑽石的晶體和其他埋藏在地下極深處的礦物是重要的研究材料，能夠告訴我們那無法到達的地球內部是什麼模樣。

2 晶體的祕密

1 ｜觀察寶石的原石吧！

當寶石處於被挖掘出來的原始樣貌時稱為「原石」。是寶石在經過切磨加工前的狀態。首先，讓我們觀察幾種具有明顯特徵的原石，列舉注意到的地方吧！

鑽石的原石

形狀良好的鑽石原石是正八面體。可以在表面看到被稱為「三角印記（Trigon）」的三角形圖案。據說是原石從地下約 200 公里處，隨著岩漿以驚人速度被帶到地表時所雕刻出來的。

實際的原石大小

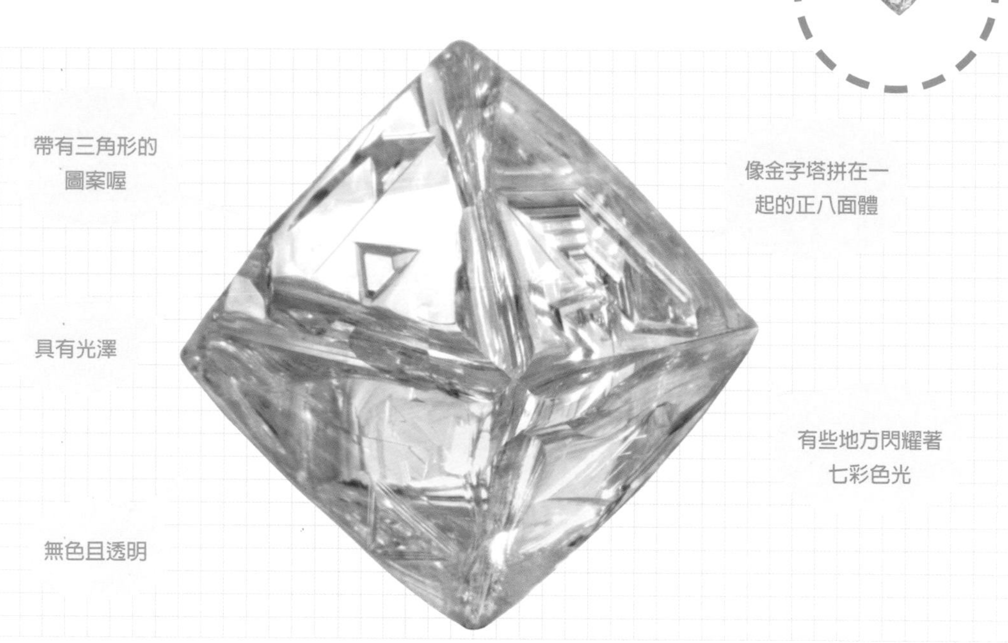

鑽石原石有各式各樣的形狀

琢磨加工過的寶石具有相同的大小或形狀，但天然形成的原石是獨一無二的。

立方體

正八面體

十二面體

雙晶（孿晶）

三角薄片雙晶

不規則形

大多數的寶石都是天然晶體。晶體是原子按一定規則排列而成，生活中常見的晶體是雪（冰）和食鹽。雪的晶體是六角形，食鹽的晶體通常是像骰子一樣的形狀（立方體）。那麼寶石的晶體具有什麼特徵呢？

藍寶石的原石

左右兩端為尖銳形狀（雙錐形）是藍寶石原石的特徵。被水流沖刷滾動時，邊角磨損或破裂。

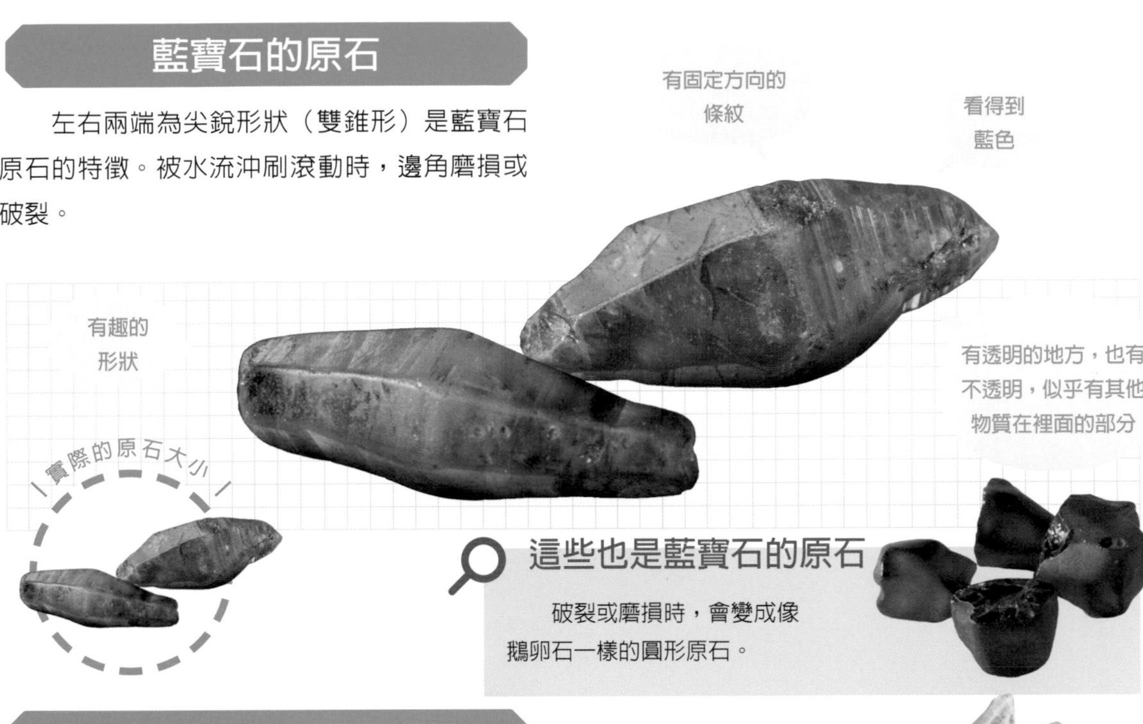

這些也是藍寶石的原石

破裂或磨損時，會變成像鵝卵石一樣的圓形原石。

紫水晶和白水晶的原石

雖然顏色不同，但都是名為「石英」的礦物晶體。尖頭部分的形狀很相似。

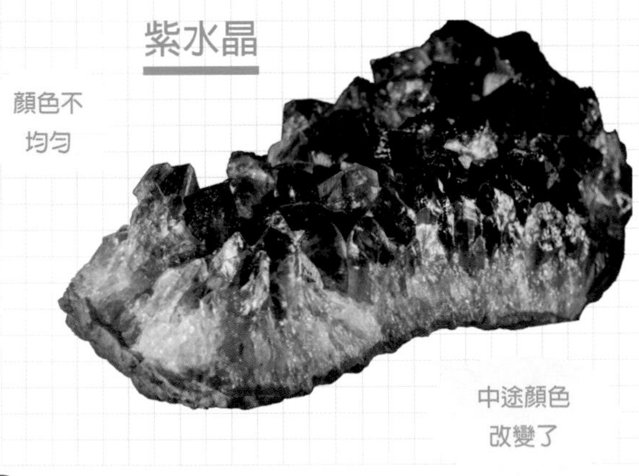

像是向外生長

筆直的六邊形柱狀體

有像冰一樣清澈的部分，也有混濁的地方

白水晶

水晶的同伴

當熔岩冷卻凝固時，可能會在內部留下類似洞穴的空間，這種孔洞稱為「晶洞」，形成紫水晶或白水晶等水晶同伴的結晶。晶洞具有各式各樣的尺寸，有小到能放在手掌和大到可以容納一個人（世界上最大的晶洞高 3 公尺、重 14 公噸）。

2 | 寶石是由什麼組成？

寶石是地球的碎片，跟其他礦物一樣，由地球的成分組成。可以透過「化學成分」表示寶石中含有什麼成分和比例。

地球的成分

地球的主要成分是鐵、氧、矽和鎂。其中大部分的鐵集中在地球中心的地核內。大多數的寶石是在地下淺層區和地下深層區的「地殼」中誕生。地殼由堅硬的岩石組成，含有各式各樣的「元素」。

元素是萬物的基本組成物質。當然，人體的成分也可以用元素表示。現在已發現 118 種元素，其中 90 種已證實在自然界中存在（元素週期表／ p.118）。

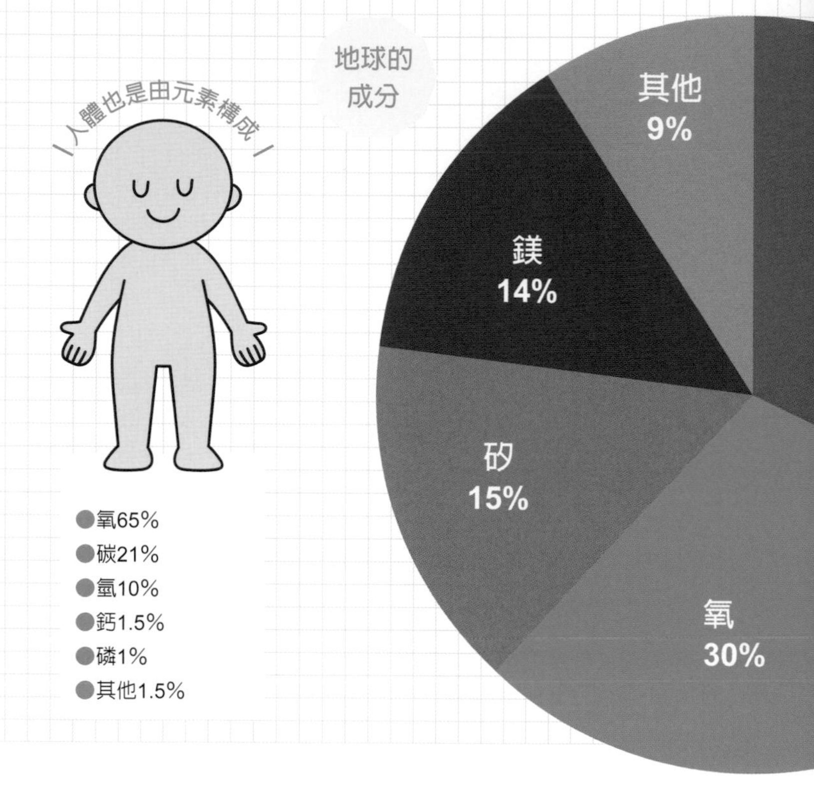

按成分區分的礦物分類

地球上約有 250 萬種植物和 140 萬種動物，其中昆蟲約有 100 萬種、魚類有 3 萬種、鳥類有 1 萬種、哺乳類動物有 5500 種，而礦物只有約 5800 種。目前廣泛流通的「寶石」僅有 50 種左右，包含稀有石在內也只有大約 100 種。

礦物是根據它們的所含成分和原子的排列方式進行分類。近年來，隨著分析技術發展，每年發現的新礦物種類超過 100 種。

自然元素礦物

大部分的礦物由多種成分組成，但自然元素礦物僅以一種元素為主成分。例如以碳為主要成分的鑽石和石墨，以金為主要成分的自然金，以銀為主要成分的自然銀。

⬆鑽石

氧化物礦物

一種主要由其他金屬與氧結合而成的礦物。藍寶石和尖晶石等寶石就屬於氧化物礦物。

⬆尖晶石

地殼的成分

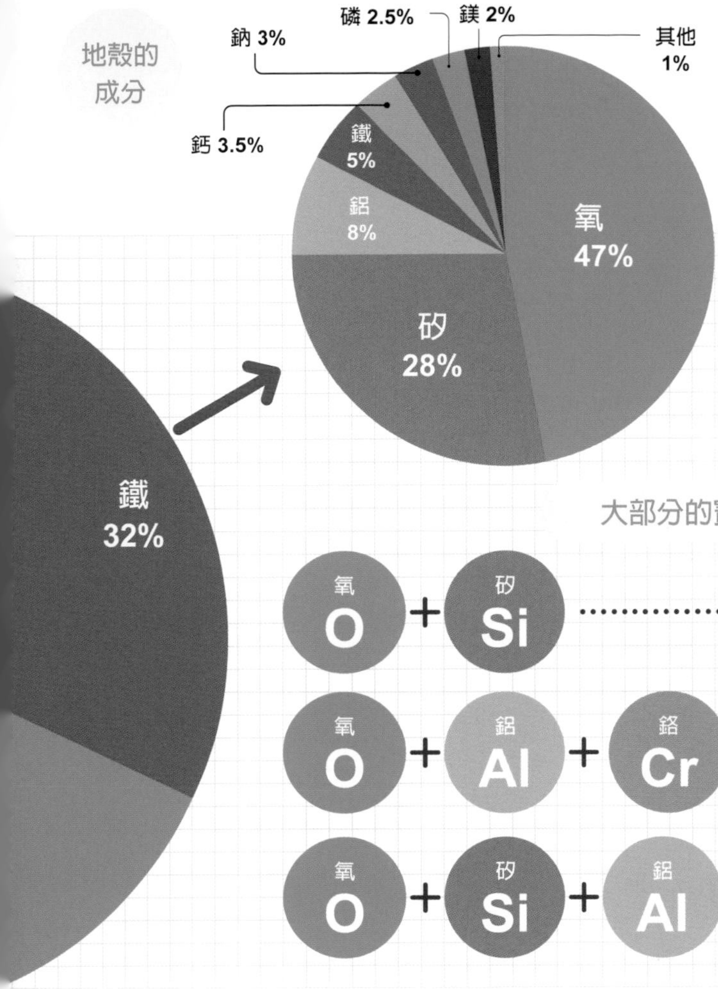

磷 2.5%
鎂 2%
鈉 3%
其他 1%
鈣 3.5%
鐵 5%
鋁 8%
氧 47%
矽 28%
鐵 32%

地殼的成分

當地殼中的成分在特殊條件下結晶時，就會產生寶石。具稀有元素的組合或很少出現在人類觸及範圍內的寶石將更為珍貴。寶石中的成分和比例可用「化學成分」表示。以白水晶為例，是由矽（Si）和氧（O）以 1：2 的比例結合而成，因此用「SiO_2」表示。

大部分的寶石由地殼成分組成

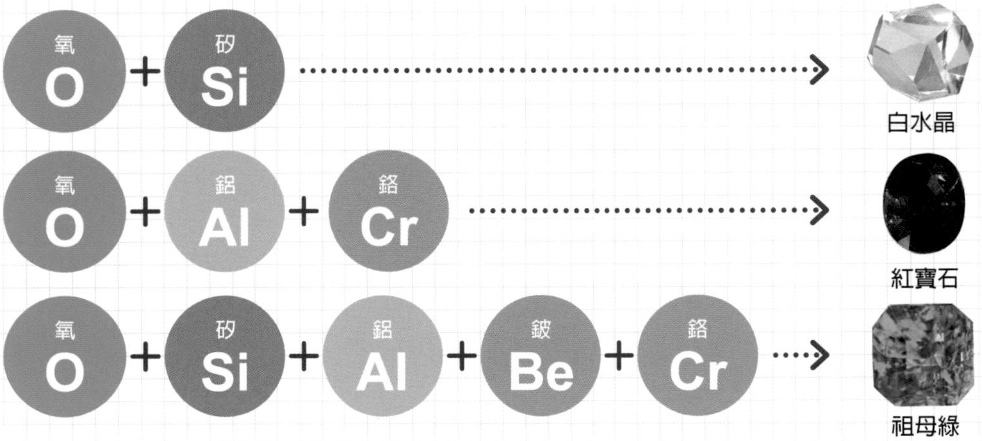

氧 O + 矽 Si ……› 白水晶

氧 O + 鋁 Al + 鉻 Cr ……› 紅寶石

氧 O + 矽 Si + 鋁 Al + 鈹 Be + 鉻 Cr ……› 祖母綠

硫化物礦物

由金屬和硫結合而成。具有光澤和各種顏色，但很柔軟不能成為寶石。大多作為金屬礦物。

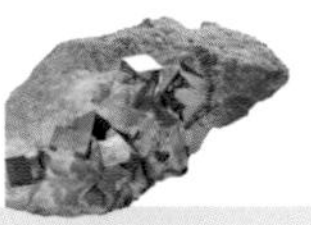

鹵化物礦物

由鹵族元素（氯、氟、碘等）與金屬結合而成的礦物。除了螢石，岩鹽也是一種鹵化物礦物。

矽酸礦物、矽酸鹽礦物

由矽和氧組成的石英或與其他元素結合而成的礦物。祖母綠、拓帕石和石榴石等多種寶石都屬此類。

⬆拓帕石

硫酸鹽礦物

是硫與氧結合而成的硫酸，和其他元素結合的礦物。最具代表性的是成為粉筆的石膏。

碳酸鹽礦物

大部分是含有碳酸根離子的柔軟礦物，碳酸根離子由碳和氧組成。形成溶洞的石灰岩中的方解石，與具有鮮豔綠色的孔雀石都屬於碳酸鹽礦物。

方解石➡

3 | 寶石的晶體是如何形成？

當寶石特有成分（元素）的原子從熔融的岩漿或溶解各種物質的地下熱液中聚集起來，並按一定規則反覆排列成長，就形成寶石晶體。這些原子的排列方式被稱為「晶體結構」。晶體結構也反映原子間的鍵結（化學鍵）方式，因此與寶石的形狀、硬度、光澤和顏色等性質密切相關。

即使相同成分，晶體結構也可能不一樣？

例如僅由碳組成的礦物有鑽石和石墨，這兩種礦物的成分一樣都只有碳，但晶體結構不一樣。因此，它們分別具有完全不同的特性，一個成為寶石，另一個成為鉛筆的筆芯。

鑽石

鑽石的原石。堅硬且具有光澤。

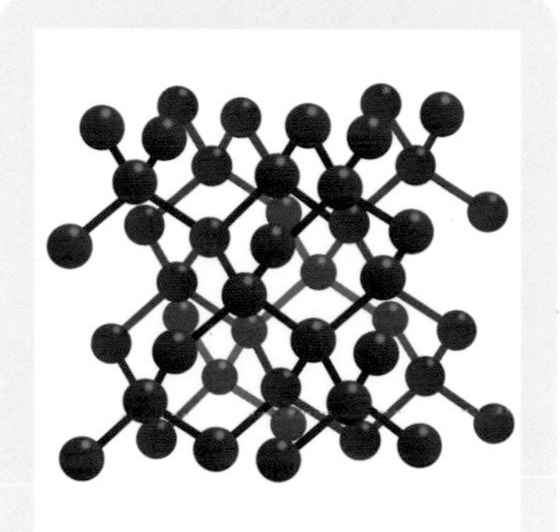

在地下深處極高的溫度和壓力下，碳原子以立體結構形成許多強韌的鍵結。

鑽石是最堅硬的礦物，所以要用鑽石粉末拋光。

石墨

也稱為「黑鉛」。塗抹在手上或紙上會變黑。

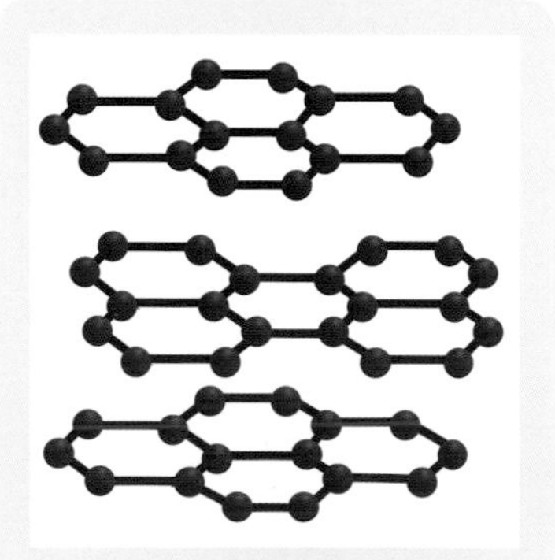

碳原子排列成像紙張一樣的片狀，形成層狀結構。層與層之間連結很鬆散。

可以用鉛筆寫字是因為石墨層剝落，附著在紙上。

即使元素不同，晶體結構也可能一樣？

如果將晶體放大，會看到元素像堆疊相同形狀的積木般規律排列，並重複這種排列模式。即使元素不同，如果排列方式一樣，晶體的形狀也會一樣。例如鑽石和尖晶石的元素不同，但它們的排列模式一樣，都很容易形成正八面體的晶體。

然而，鑽石的原石具有各式各樣的形狀。因為自然環境差異而有許多不同的形狀，就像使用相同形狀的積木能組合出不同型態一樣。每種寶石都有幾種獨特的原石晶體，如果知道這種特徵，有時可以將原石的形狀當作線索辨別寶石的種類。

鑽石

正八面體像是兩個金字塔組合在一起的形狀。即使同樣是正八面體，形狀和紋理也各不相同。

尖晶石

中間的尖晶石原石是和鑽石一樣的正八面體。周圍的原石已經破碎或碎裂。

雪的晶體是如何形成？

礦物的晶體需要花費一定時間才能成長為該礦物特有的形狀。雪的晶體是透過空氣中蒸發的小水分子相互連接（水的情況下稱為「結冰」）而產生。因為水分子的連接是六角形圖案，所以水滴凍結成為六角形的冰粒。

當空氣中的水蒸氣一個接一個附著在六角形冰粒的角上時，雪的晶體就會變大。緩慢地凍結時，會形成基本的六角形。急速凍結時，會像長出細枝般產生各式各樣美麗的形狀。

代表性的雪結晶形狀。因為從中心延伸出細長的樹枝，被命名為「樹枝六花」。

3 顏色的祕密

1 我們是如何看見東西的顏色？

在漆黑的房間裡，什麼都看不到。我們需要光才能「看到」東西。眼睛可以感知到從物體反射回來的光、穿透物體的光和物體本身發出的光。人類可以在大腦中組合光的強弱來感知亮度和顏色，進而看到物體。

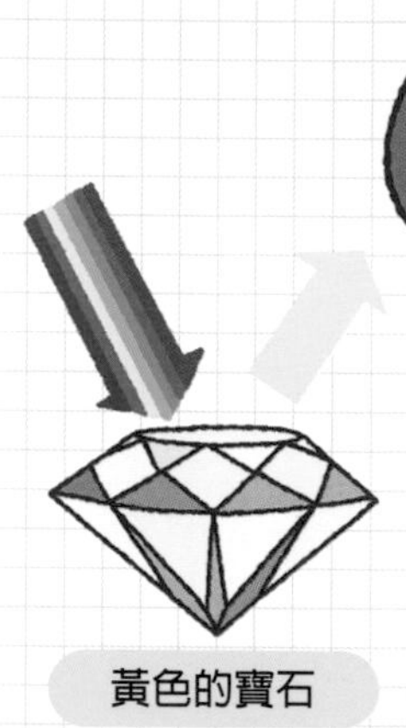
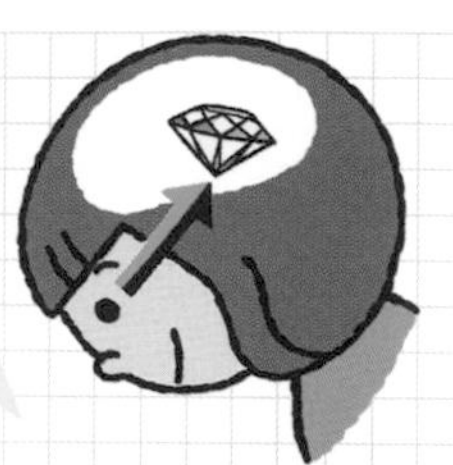

黃色的寶石

黃色以外的顏色被吸收，只有黃色的光被反射。進入眼睛的黃光變成紅色和綠色，再於大腦中組合在一起，成為「黃色」。

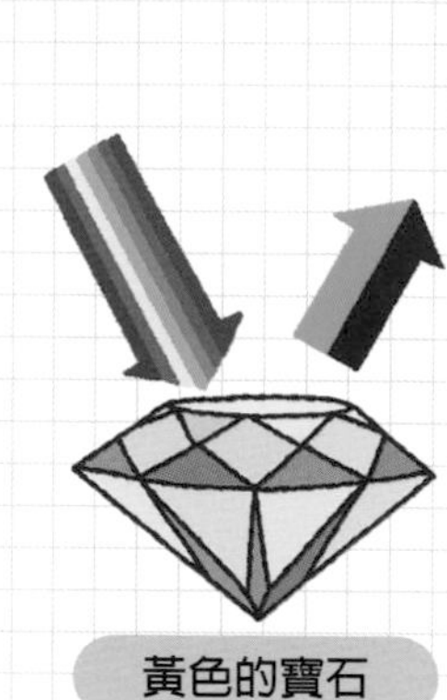

黃色的寶石

紅色和綠色以外的顏色被吸收，只有紅色和綠色的光被反射。大腦組合紅色和綠色以感知「黃色」。

什麼是「光的三原色」？

人類能感知到的紅、綠、藍三種光被稱為「光的三原色」。眼睛的細胞接收這三種光的強弱，在大腦中組合，人類才能感知顏色。光的三原色組合起來，可以創造出各種顏色的光。例如紅色光和綠色光組合在一起，會變成黃色光。只反射黃光的物體和同時反射紅光、綠光的物體都被人類感知為黃色。

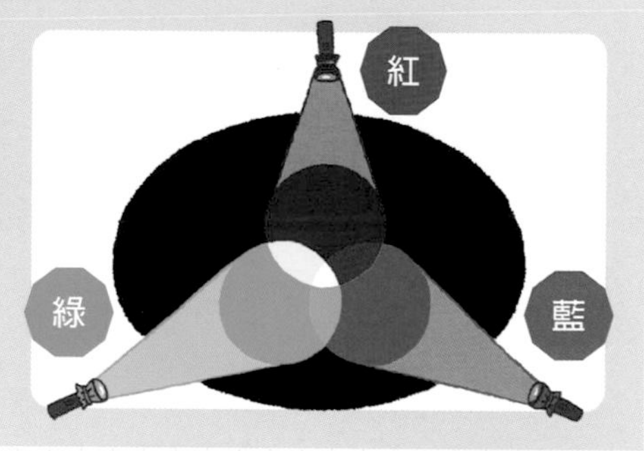

為什麼綠色略有不同？

即使祖母綠和綠碧璽都是綠色寶石，但色調並不一樣。因為祖母綠和綠碧璽中影響光線的成分和晶體結構各不相同，吸收的光也會發生變化。即使是相同成分，吸收的光也可能不一樣，所以顏色不同的原因很複雜。

此外，雖都是祖母綠，也會因產地不同而有特殊的顏色。每個地方特有的微量元素和晶體生長環境，會產生不同產地之間的色彩特性差異。

祖母綠

綠碧璽

寶石中有許多不同的顏色。即使是同一種顏色，其鮮豔程度、深淺和混色方式也不盡相同。其中，有些奇妙的寶石甚至會根據光的種類和觀看角度而改變顏色。為什麼寶石會有這麼多不同的顏色呢？

顏色的來源是什麼？

寶石的顏色由寶石中必含的成分決定，或根據含有的微量成分改變。

例如孔雀石由銅、氧、碳和氫組成，其中與銅結合的氧成為「顏色來源」。銅是孔雀石的必含元素，而孔雀石的顏色取決於銅和氧的結合方式，因此孔雀石一定是綠色，只有深淺之分。

另一方面，紅寶石和藍寶石是根據含有的微量成分而有不同顏色的寶石。紅寶石和藍寶石都是由鋁和氧構成，若沒有混入其他元素，就會成為無色藍寶石。但在晶體形成時摻入微量的特定元素，就會產生顏色。加入微量的鉻會成為紅色的紅寶石，加入鈦和鐵會成為藍色的藍寶石。藍寶石還有許多其他顏色，如黃色或紫色等。在自然界中，各種元素都可能混合，進而產生各式各樣的顏色。

除了原本含有的元素或摻入微量元素的組合外，寶石的顏色還會隨著原子的排列方式紊亂而變化。顏色的深淺及鮮豔度與這些因素的多寡和程度息息相關。

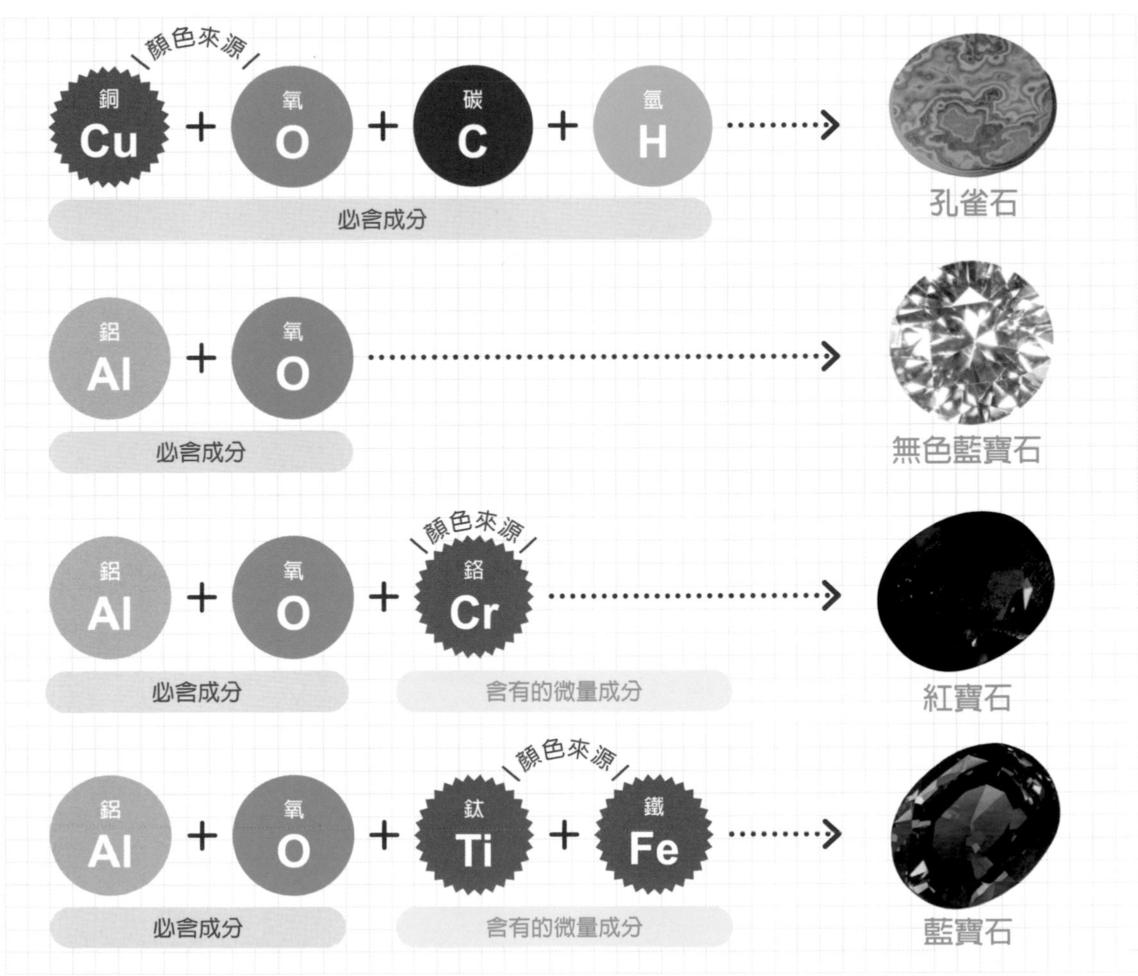

2 ｜寶石的顏色會改變？〈光的種類〉

光可以是像太陽光一樣皆包含所有顏色的光，或像蠟燭、白熾燈（燈泡）是偏向某個顏色的光，以及如螢光燈或 LED 燈是由紅、綠、藍組合而成的光。

寶石在室內和在室外的顏色看起來不同，就是因為光的性質不一樣。寶石專家為了能在任何光線下皆可正確辨識寶石顏色，會隨身攜帶作為顏色樣本的石頭，以對照自己的石頭確認顏色。

明明是同一顆石頭卻不同顏色！變色效應

有些罕見的寶石會在照射的光線發生變化時改變顏色。右方照片是同一顆寶石在太陽光（左）和白熾光（右）照射下拍攝。儘管寶石本身吸收的光是相同的，但顏色看起來卻不一樣。這是因為原始光線中所含的顏色不同，而呈現「變色效應」。

從紅色到紫色，太陽光均衡包含彩虹中可見到的七彩色光，是可以使綠色或藍色寶石看起來更鮮豔的光源。具有變色效應的寶石會更突顯綠色和藍色。

另一方面，白熾光中藍色到紫色的顏色比較少，是一種暖色光，能夠讓紅色或橙色等暖色系寶石看起來更美麗。對具有變色效應的寶石來說，因為原始光線中藍色到紫色的光太過微弱，因此紅色會更加突出。

用不可見光發光！「紫外線螢光性」

有沒有遇過在水族館或鬼屋等環境，只有白色衣服發出藍白光的情況呢？這是因為紫外線燈發出的紫外線使白色衣服中含有的螢光物質發光。有些寶石也會在紫外線燈照射下發光，這種特性被稱為「紫外線螢光性」。

大約 35% 的鑽石具有紫外線螢光性。鑽石的螢光以藍色居多，也有黃色螢光。螢光反應從微弱到強烈各不相同。而有些紅寶石會發出強烈的紅色螢光，在陽光下觀察時，紅寶石會像著火般發光。另一方面，也有像石榴石或貴橄欖石一樣，完全看不到螢光的寶石。

紫外線螢光性通常不會影響寶石的美麗，但螢光性過強的鑽石在陽光下可能會顯得比較黯淡。

鑽戒　用同樣顏色和品質一致的鑽石製作美麗珠寶。在紫外線燈照射下，可以看到各種顏色的螢光。

太陽光

紫外線燈

紅寶石的裸石　在紫外線燈照射下，會明顯發出紅色螢光的紅寶石。在紫外線燈下呈現的紅色螢光，也可以在陽光下感受到。

太陽光

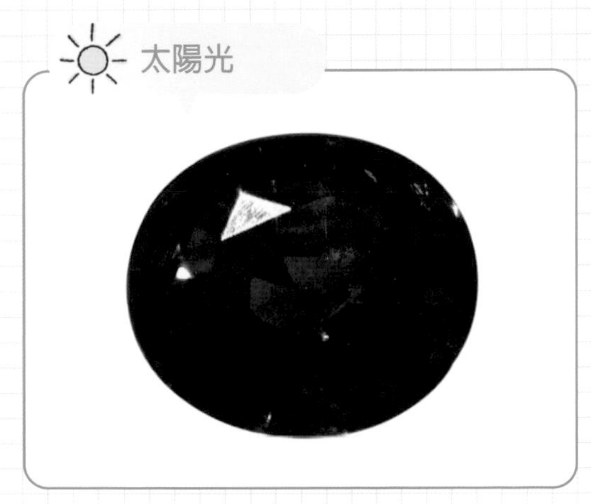

紫外線燈

觀察寶石時，一定要在不同光線下觀察。
透過不同的光線，也許能夠發現各種不同顏色的魅力。

3 | 寶石的顏色會改變？〈晶體的方向〉

改變觀察晶體的方向時，有些寶石的顏色會變得不一樣。寶石的這種特性稱為「多色性」。多色性是根據不同晶體方向所吸收不一樣的光而產生，與根據光源改變顏色的變色效應不同，會出現相似的兩種或三種顏色。

改變方向顏色就不同！？

堇青石是具有強烈多色性的代表性寶石。在下方被切割成立方體的堇青石中，可以從三個方向清楚分辨出三種顏色。

多色性的明顯程度因寶石種類而異。堇青石和丹泉石具有三個方向的多色性，碧璽和藍寶石具有兩個方向的多色性。晶體的方向決定哪種顏色比較明顯，因此切割寶石時，需要考慮哪個方向會產生最美麗的顏色。

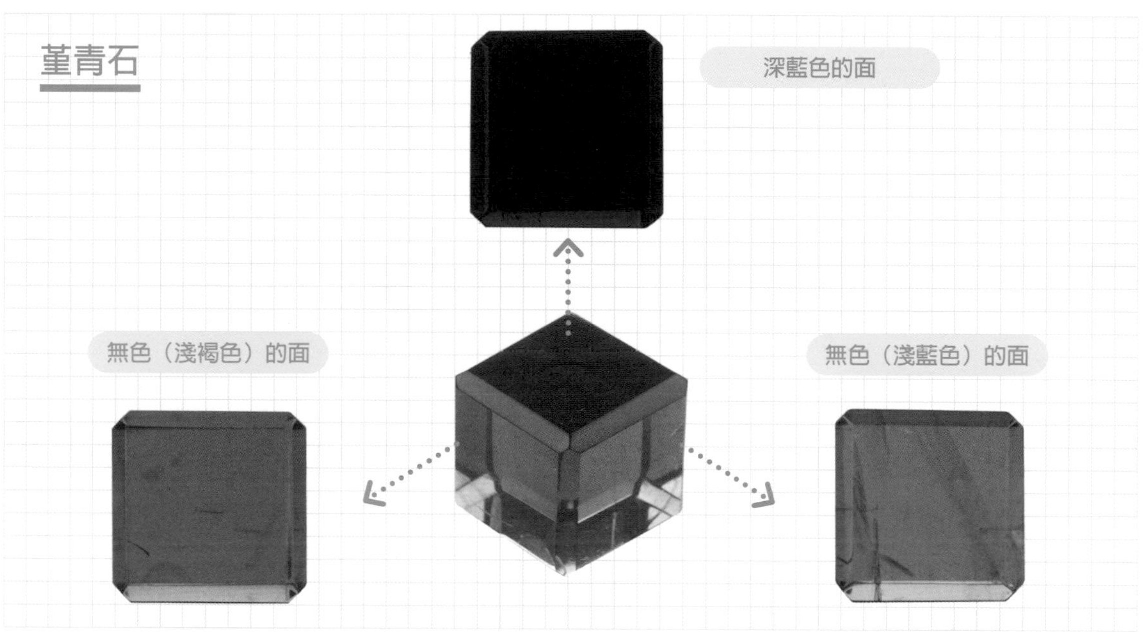

切工突顯多色性

光線會根據寶石的切工，在寶石內反射到不同方向。於是光的方向改變了，被吸收的光也不一樣，因而呈現出略微不同的顏色。右邊照片中的丹泉石呈現出藍紫色和紅紫色。即使不改變方向，透過切工也能觀察到多色性。

多色性是大顆寶石中容易觀察到的特徵，如果有機會見到，不僅可以從正上方和側面等不同方向觀看，還可以在正上方觀察是否隱藏著不同顏色。

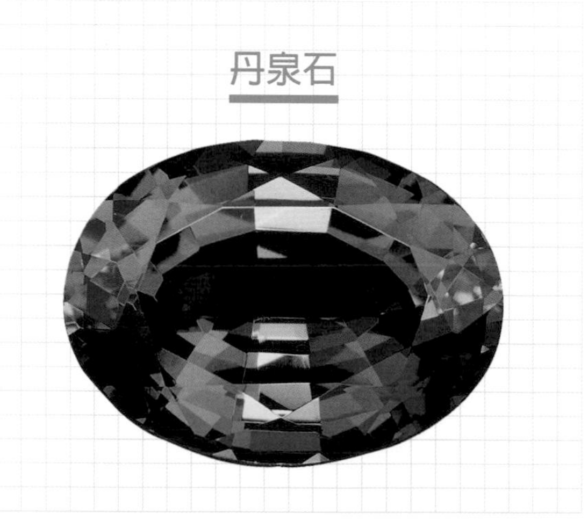

4 | 寶石的顏色會改變？〈加熱優化〉

有些寶石經過加熱會變色，甚至變成完全不同的顏色。當然，加熱並不是對所有寶石都有效的魔法。有些寶石不會發生變化，有些可能會失去顏色，還有一些會在加熱過程中破裂。能否成為美麗的寶石由大自然決定。

大自然創造的魔法

所需材料 ●酒精燈 ●試管

※ 涉及使用火的實驗，請務必與大人一起進行。

實驗❶ 試著加熱紫水晶吧！

加熱前

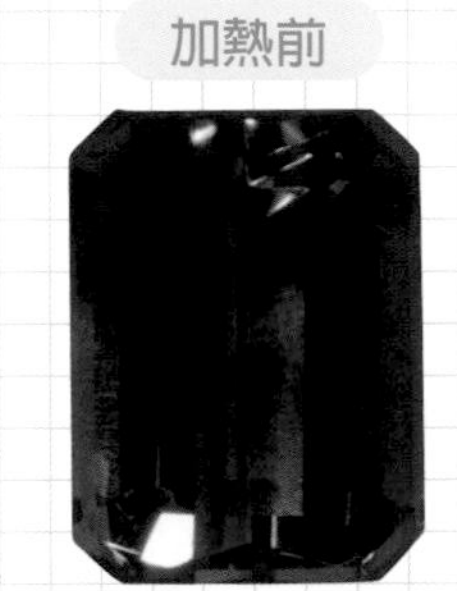

加熱後

除了本頁提及的「紫水晶加熱實驗」外，還可掃描以下QRcode，在SUWA網站上觀看許多寶石相關影片。

結果 加熱10分鐘左右，顏色發生變化，變成黃水晶了！

紫水晶和黃水晶是同一種礦物「石英」的寶石。紫水晶的紫色是因為含有微量的鐵和晶體結構（p.80）變形所致。當加熱到大約 450°C時，這種變形趨於和緩使吸收的光發生變化，變成黃色的黃水晶。

並不是所有的紫水晶都能透過加熱變成黃水晶。有些仍會維持紫色不變，有些則會呈現綠色。

實驗❷ 試著加熱綠柱石吧！

同樣地，將淺褐色的綠柱石放入試管中，用酒精燈加熱，大約 2 ～ 3 分鐘後會變成美麗的淺藍色海藍寶。

像這樣經過加熱優化而變色的海藍寶或黃水晶不會變回原本的顏色。

加熱前　加熱後

結果 變成淺藍色的海藍寶了！

如果加熱寶石的原石會怎麼樣？

紅寶石或藍寶石可以透過 800°C ～ 1800°C的高溫加熱，使顏色變得更鮮豔或更明亮。一種無色或淺色名為「牛奶石（Geuda）」的藍寶石原石，經過加熱會呈現藍色，變成美麗的寶石。

加熱前　加熱後

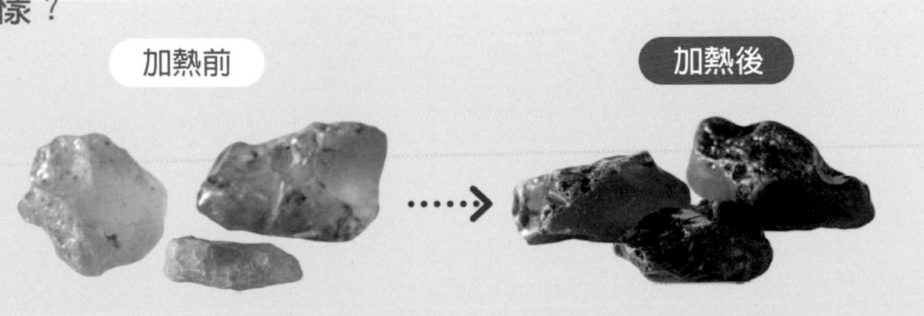

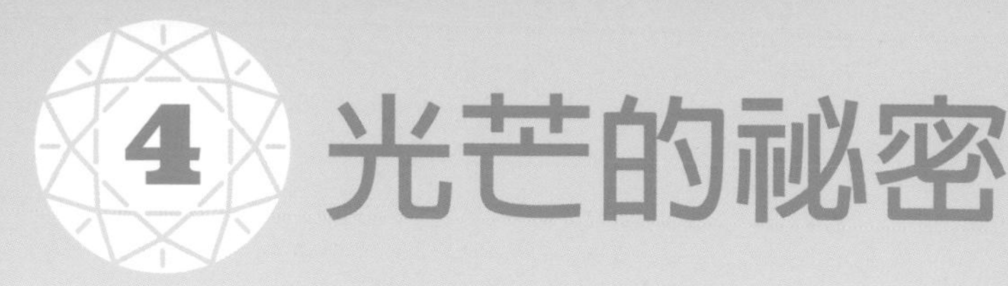

4 光芒的祕密

1 ｜觀察寶石吧！

原石進行修整和加工修飾的過程稱為切工和切磨。觀察加工完成的鑽石和蛋白石，列舉注意到的地方吧！是否能察覺到每種寶石所擁有的特徵呢？

鑽石

鑽石的光芒中包含著強烈白色反光呈現的亮光、七彩火光和移動時閃爍動人的閃光。經過比例得宜的切磨，光線會在鑽石表面和內部重覆反射與折射，創造出帶有七彩色光的璀璨光芒。

就像在晴朗的日子裡河流和大海會閃閃發光一樣，寶石的光芒也是在光線與寶石的互動中產生。根據不同寶石種類、每種寶石的透明度及經過的加工切割，光芒會怎麼被引導出來呢？

蛋白石

蛋白石是由肉眼看不見的微小球狀「二氧化矽」緊密排列堆疊而成的寶石。在球體的排列與光線相互作用下，產生豐富的顏色。顏色由球體大小和觀看方向決定，並根據排列方式形成圖案。

可以看到很多顏色喔

顏色中有條紋

好像顏料混合在一起

一動圖案就會改變

有明亮和和黯淡的區域呢

無色寶石中的七彩色光！？

光可以穿過透明的空氣、水、水晶和鑽石。光在空氣中的傳播速度非常快，每秒約 30 萬公里，相當於繞地球 7 圈半。然而，在水中減慢至每秒約 23 萬公里，在水晶中減慢至每秒約 19 萬公里，在鑽石中減慢至每秒約 12 萬公里。

在水面或寶石表面等光速發生變化的地方，部分光線會被反射，其餘部分則繼續前進。此時，光線會因為速率的差異像被折斷一樣改變行進方向，這種現象稱為「光的折射」，而光線折射時的偏折程度就稱為「折射率」。折射率是相對於光在真空中傳播時的比率，由於空氣與真空幾乎相同，因此折射率為 1，水為 1.33，水晶約為 1.55，鑽石為 2.42。

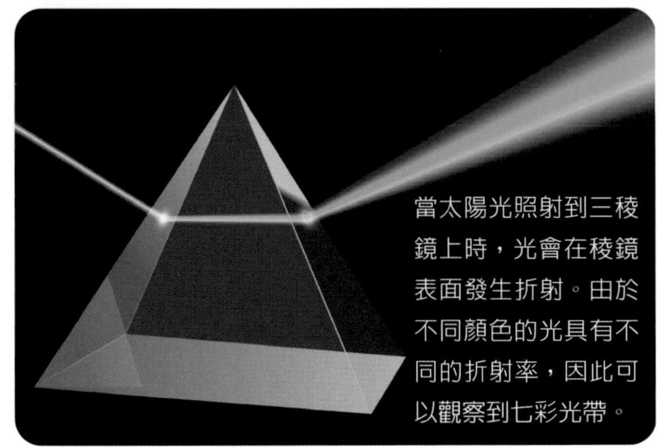

當太陽光照射到三稜鏡上時，光會在稜鏡表面發生折射。由於不同顏色的光具有不同的折射率，因此可以觀察到七彩光帶。

此外，折射率根據光的顏色略有不同。相較於紅光，紫光的折射率更大，光的折射程度也更大。因此，當光線通過三稜鏡時，白光會分解成彩虹的七種顏色。在鑽石中，紅光和紫光的折射率差異更大，所以會釋放出更明顯的紅、橙、黃、綠、藍、靛、紫光。

2 | 寶石光芒與光線的關係

光不僅展現出寶石的顏色，還帶來反射的光芒、透明感和七彩色光讓我們賞心悅目。光的效果是透過充分運用晶體特性的切工發揮出來。光線會在磨得光滑的寶石表面反射散發光芒，進入透明的寶石中並穿過它。其中，有些光線會在寶石內部反射並返回正面，使寶石更加閃耀。

表面質地與透明度的關係

透明的寶石

有些光在表面往相同方向反射，有些光以相同角度彎折進入寶石並通過。

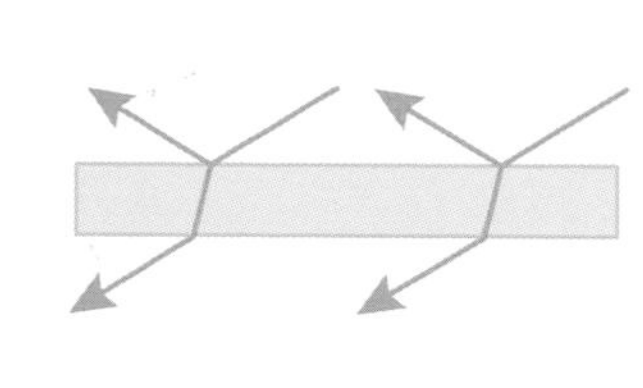

金絲雀黃碧璽

半透明的寶石

有些光在表面往相同方向反射，有些光以各種角度彎折進入寶石並通過。

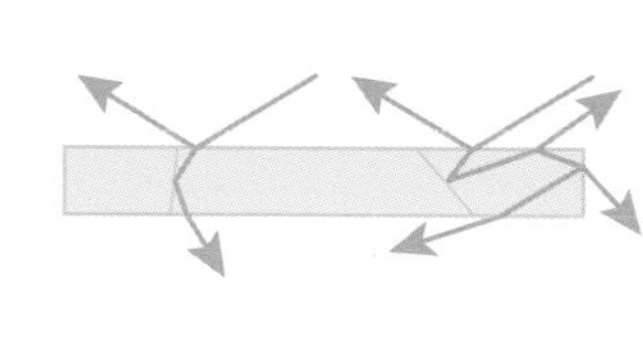

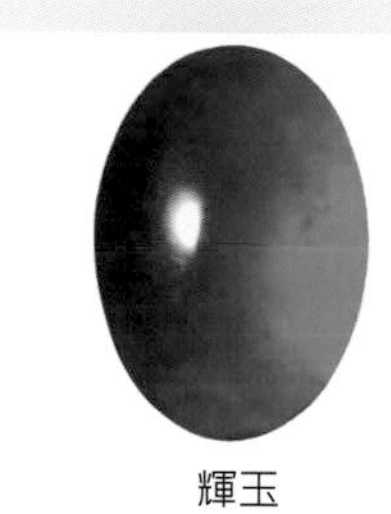

輝玉

不透明且光滑的寶石

光在表面往相同方向反射。沒有會穿過寶石的光。

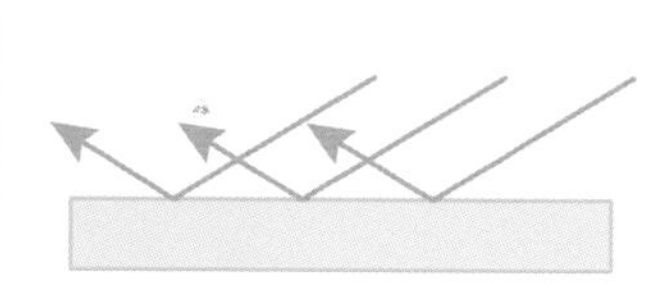

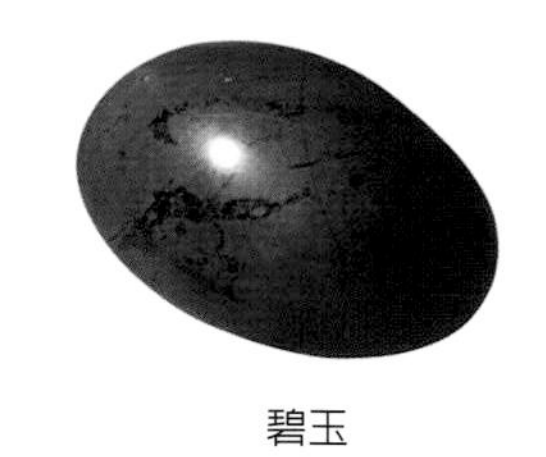

碧玉

不透明且粗糙的寶石

光在表面往各種方向反射。沒有會穿過寶石的光。

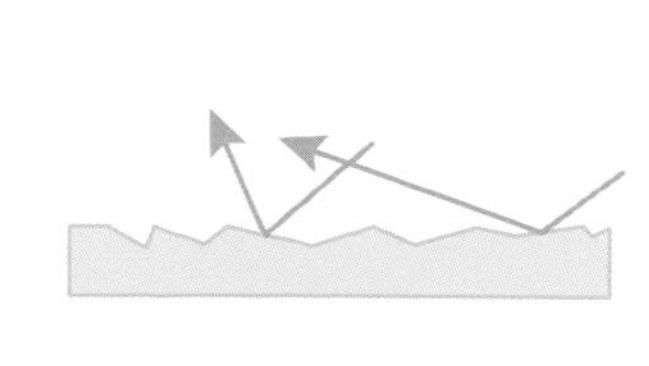

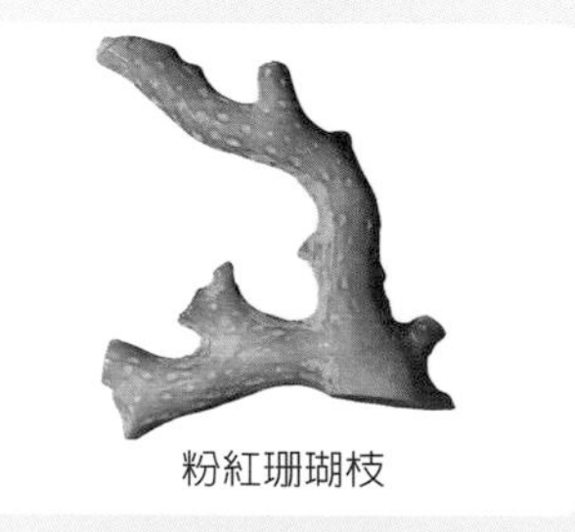

粉紅珊瑚枝

切割後的寶石各部位名稱

什麼樣的切工才是好切工？

好的切工能展現出寶石最美麗的一面。如果是鑽石，就要能讓它反射大量的光線熠熠生輝；如果是彩色寶石，就要能清楚地顯現寶石本身的顏色，並展現出光線的明暗變化和閃爍效果。

從側面觀察寶石時，切割太淺會使光線從底部穿過，切割太深則會使光線從側面流失，讓寶石看起來很暗沉。如果像中間的圖片一樣，適當的深度使光線往桌面反射時，就可以看到明亮的光芒。

寶石是天然產物，並不會都是理想的形狀，也經常出現變形。只有將結晶特性充分發揮出來的切工才能說是有魅力的好切工。

太淺

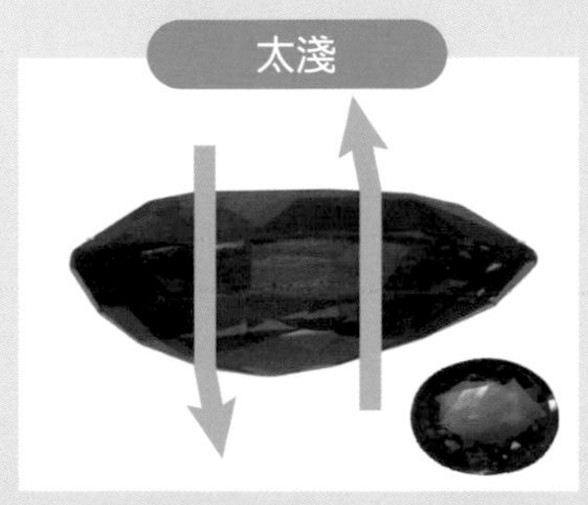

切割太淺使光線穿透

適中

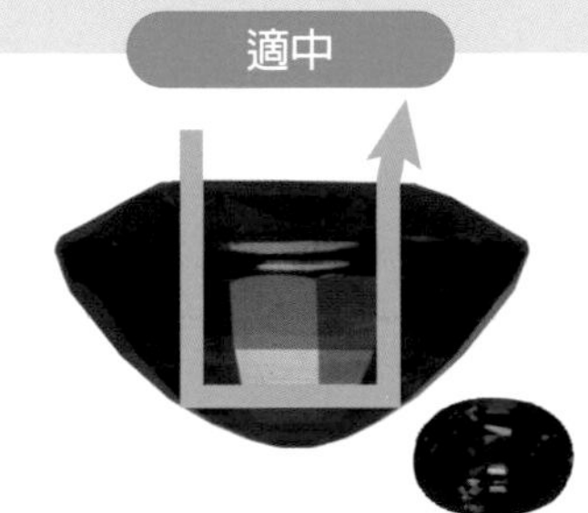

適當的切割使光線向上反射

太深

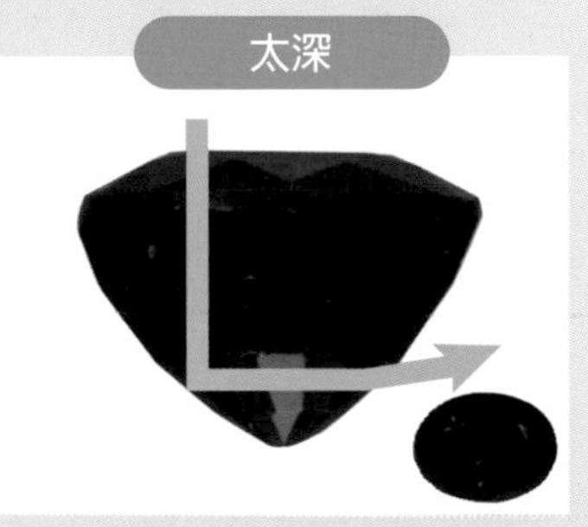

切割太深使光線從側面流失

3 ｜寶石的切工種類

隨著時代的發展，寶石的切工技術也不斷進步。除了現在常見的圓形明亮式切工或祖母綠切工之外，還有許多不同的樣式。切工首先要決定樣式，再選擇形狀，最後添加刻面修飾完成。

樣式

根據寶石的狀態（顏色、透明度和形成刮痕的難易度等）決定，以展現寶石的美麗。有些樣式具有悠久的歷史傳承，有些則是隨著技術進步而發展出來的。

滾光打磨

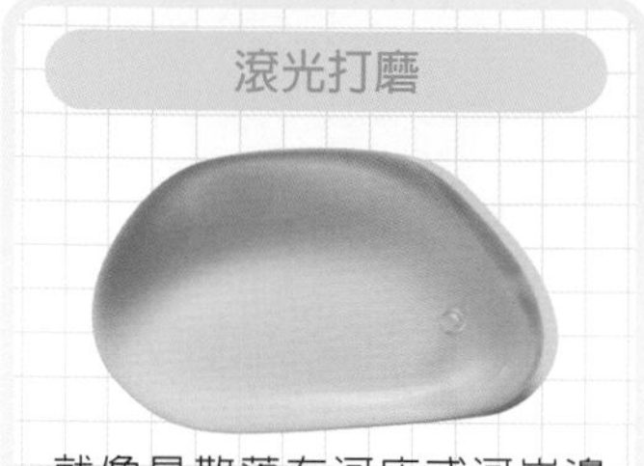

就像是散落在河床或河岸邊的鵝卵石一樣，圓潤自然的形狀。

珠子

可以鑽孔後穿線。自古以來就有的加工方法。

平板

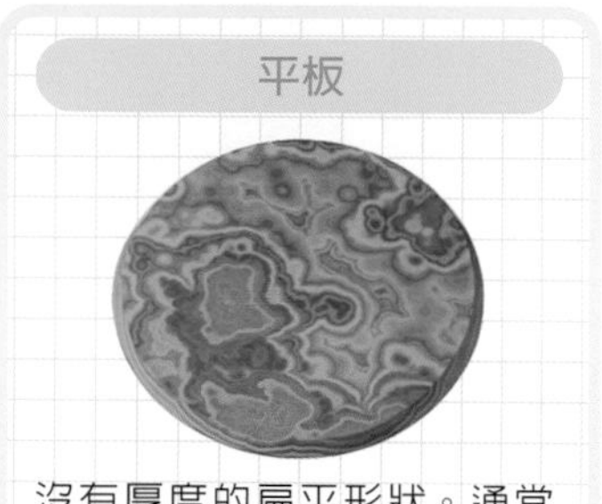

沒有厚度的扁平形狀。通常被雕刻成浮雕。

凸圓面切工

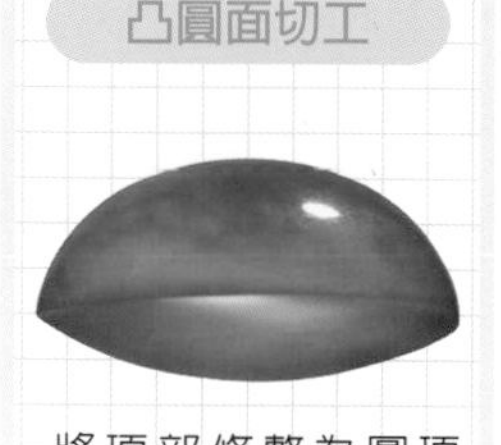

將頂部修整為圓頂狀。

滿天星式

寶石表面都切磨出刻面。

玫瑰式切工

將圓頂狀的頂部切磨出刻面

明亮形切工

冠部和亭部都切磨出刻面。

形狀

這個階段是要選擇正面（從正上方看）的輪廓。雖然要善用原石的形狀或特性，但也經常被製作為每個時代受歡迎的形狀。

圓形

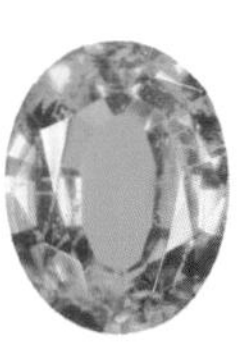

橢圓形

梨形

馬眼形

三角形

心形

墊形

正方形

長方形

祖母綠形

刻面的排列方式

透明的寶石通常會切磨刻面，以展現透明感、顏色和光芒。明亮形切工的刻面排列方式通常是右側三種之一。

例如 如果是圓形明亮式切工

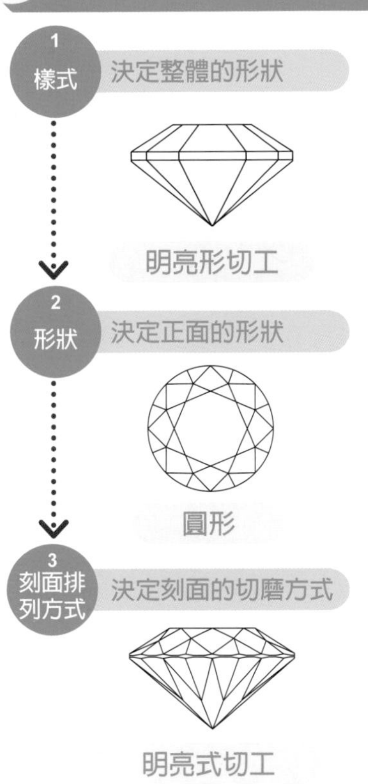

明亮式切工

刻面呈放射狀從中央向外排列。

階梯式切工

刻面與腰圍平行排列。祖母綠形狀的階梯式切工也稱為「祖母綠切工」。

混合式切工

在右側的照片中，冠部為明亮式切工，亭部為階梯式切工。也有冠部為階梯式切工，亭部為明亮式切工的情況。

各式各樣的完工修飾方式

除了增加平面之外，還有透過改變琢磨角度和表面質地來展現個性的完工修飾方式。

明亮形主刻面

冠部完工修飾成圓頂狀的明亮形切工。

棋盤格主刻面

正方形的面排列得像棋盤一樣。

雕刻

如照片所示有浮雕和凹雕等形式。

4 | 寶石是如何完成的？

寶石的完工修飾過程是展現出寶石魅力的重要工作。雖然有部分工序已經機械化，但大部分仍是手工完成。在這裡我們可以看到貴橄欖石的原石被加工成梨形混合式切工的過程。

貴橄欖石的原石加工

❶觀察原石確定形狀。有時也會使用電腦分析（檢測形狀）決定完成的形狀。

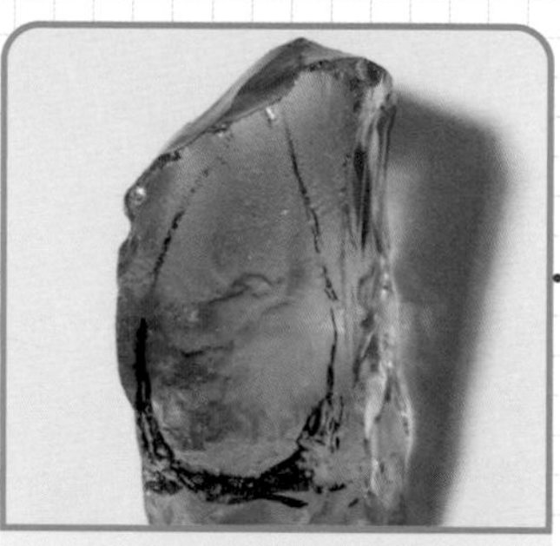

❷在原石上標記出輪廓（粗略的形狀）。

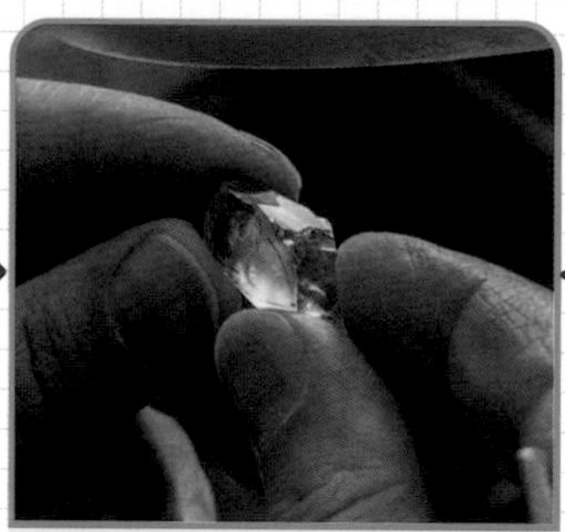

❸使用磨床（研磨機）按照輪廓磨削和修整。

❼將寶石固定在桿子上，修整輪廓。

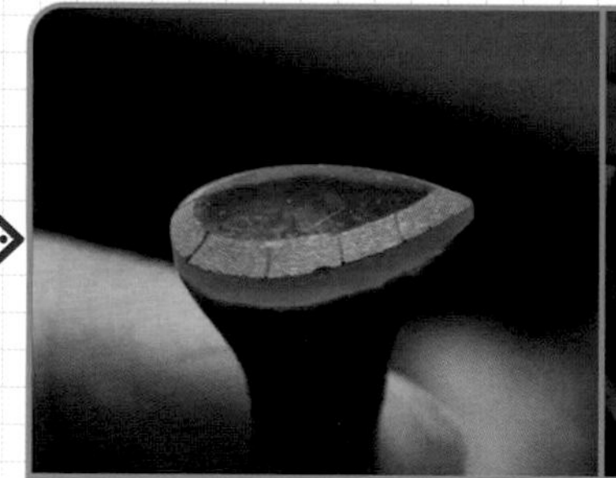

❽琢磨冠部的刻面。從大刻面開始逐漸琢磨到小刻面。

你能畫出圓形明亮式切工嗎？

對許多人來說，繪製寶石的圖畫似乎很困難。在這裡我們將介紹怎麼繪製鑽石經典的圓形明亮式切工（p.91）的俯視圖。其實相當簡單，你可以試試看。

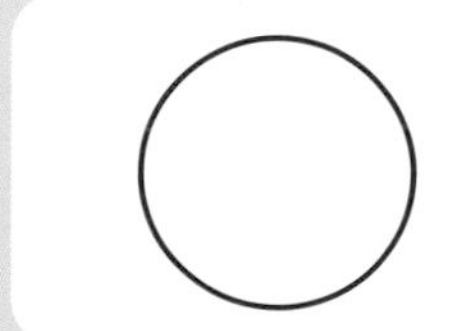

❶畫一個圓。

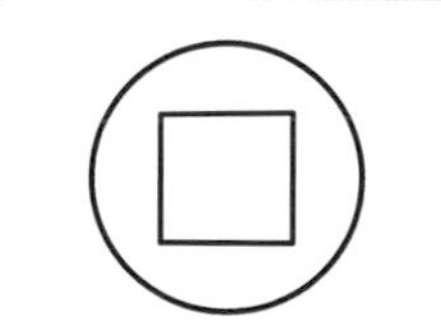

❷在圓心的正中央畫一個正方形。

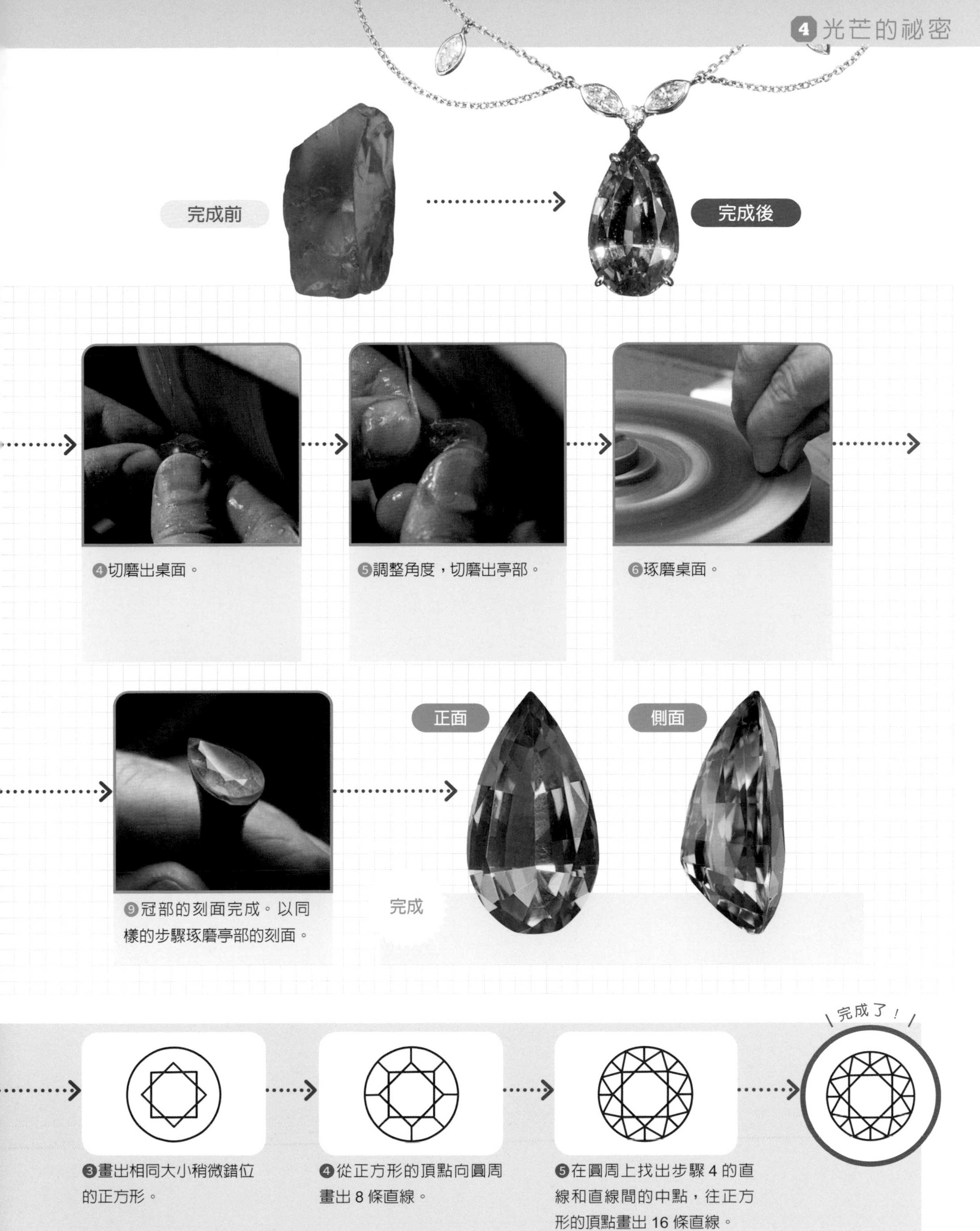

❹切磨出桌面。

❺調整角度，切磨出亭部。

❻琢磨桌面。

❾冠部的刻面完成。以同樣的步驟琢磨亭部的刻面。

完成

❸畫出相同大小稍微錯位的正方形。

❹從正方形的頂點向圓周畫出 8 條直線。

❺在圓周上找出步驟 4 的直線和直線間的中點，往正方形的頂點畫出 16 條直線。

什麼是寶石的「耐久性」？

寶石的「耐久性」具有三個要素。第一個要素是「形成刮痕的難易度」，指的是寶石的抗劃刮能力，即是否不容易被劃傷，或者與其他東西摩擦時會不會留下痕跡。第二個要素是「損壞難易度」，即抵禦碰撞的能力，是否不容易碎裂或崩裂。第三個要素是「變化難易度」，不會受到溫度、溼度、光或熱等影響發生變化的穩定性。

來說明一下「形成刮痕的難易度」和「損壞難易度」的差別吧！以玻璃杯舉例，即使用指甲抓也不會留下劃痕，但如果摔它或用鎚子敲打它，玻璃杯就會碎裂。相反地，如果是皮包或皮鞋等製品使用的皮革，就很容易被指甲或尖銳物品劃傷，但即使經過摔落或敲打也不容易破裂。也就是說，玻璃「難劃傷」但「容易損壞」，而皮革「容易劃傷」但「不容易損壞」。

耐久性是寶石長期保持美麗得以讓人欣賞的重要因素。耐久性好的寶石適合用於戒指，耐久性差的寶石則適合做成吊墜或胸針，或者可以透過改變寶石的鑲嵌方式來加以利用，「形成刮痕的難易度」和「損壞難易度」在挑選或使用寶石時很有幫助。

	玻璃	皮革
形成刮痕的難易度	困難  即使用指甲抓也不會有劃痕。	容易  用指甲抓過之後會留下劃痕。
損壞難易度	容易  用槌子敲打後會碎裂。	困難  即使用槌子敲打也不會破裂。

表示形成劃痕難易度的摩氏硬度

「摩氏硬度」常被當作是衡量形成劃痕難易度的指標。由德國礦物學家腓特烈 · 摩斯（Friedrich Mohs）在 1822 年提出。他將 10 種作為基準的礦物相互摩擦，觀察哪一方被劃傷，然後進行統整和總結。

在日常生活中，人類指甲的硬度是 2½，十日圓硬幣是 3½，普通玻璃是 5。空氣中的塵埃或灰塵可能混雜摩氏硬度 7 的石英，雖然是非常細小的顆粒，卻會逐漸劃傷玻璃窗。

物質	摩氏硬度
人類的指甲	2 1/2
十日圓硬幣	3 1/2
普通玻璃	5
塵埃或灰塵	7
鑽石	10

摩氏硬度

排列在最底部的是摩氏硬度的基準石。按難以形成劃痕的順序排列：10= 鑽石、9= 剛玉（紅寶石）、8= 拓帕石、7= 石英（紫水晶）、6= 長石（月長石）、5= 磷灰石、4= 螢石、3= 方解石、2= 石膏、1= 滑石。第二列以上為硬度相近的寶石。

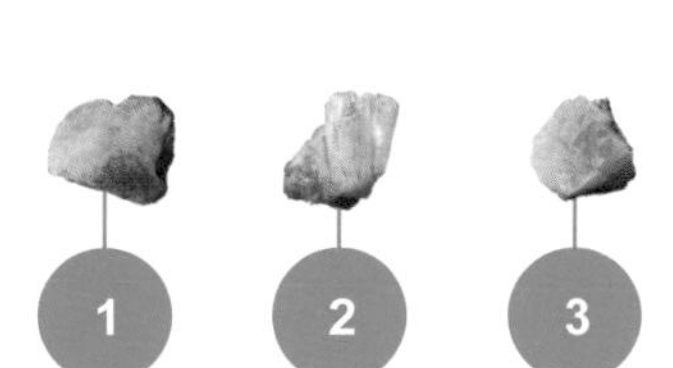

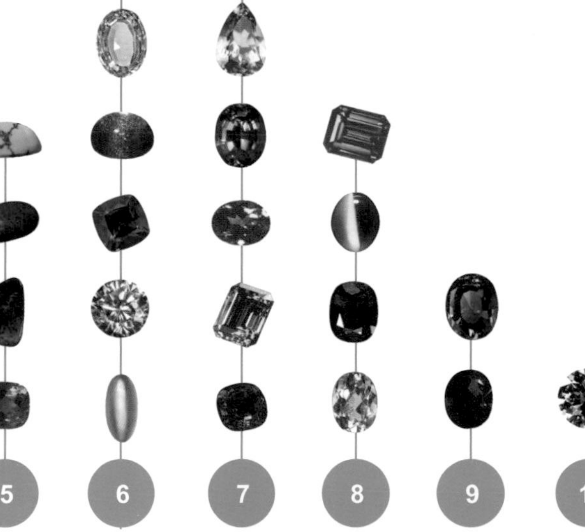

損壞難易度的基準是什麼？

寶石的損壞難易度是根據晶體是否有容易破裂的方向、容易形成哪種裂紋以及該種類寶石獨有的內含物（p.63）數量等因素綜合判斷出來的。本書依 GIA（美國寶石研究院）的標準為依據。

即使鑽石是難以形成劃痕的代表性寶石，也可能會破碎或崩裂。難以損壞的寶石代表是輝玉，因為不容易破碎，自古以來常被挖空製作為戒指或手鐲以及雕刻品。

做成珠寶時破碎的鑽石。

用挖空的輝玉製成的戒指

5 名稱的祕密

1 | 名稱源自外觀的寶石

即使是寶石也常有「名副其實」的狀況。以前所有的紅色寶石都被稱為紅寶石，所有藍色的寶石都被稱為藍寶石，但當人們開始了解寶石種類的差異後，便根據每種寶石的外觀特徵命名。

紅寶石

源自拉丁語的「ruber」，意思是「紅色」。

藍寶石

源自希臘語中表示「鮮豔的藍色石頭」的「sappherios」和拉丁語中表示「藍色」的「sapphirus」。

祖母綠

希臘語中表示「綠色石頭」的「smargdos」演變為拉丁語的「smaragdus」和古法語的「esmeralde」，再變成現在用的 emerald。

碧璽

源自僧伽羅語的「toramali」，意思是「各種顏色的寶石」。

青金石

源自拉丁語中意指「石頭」的「lapis」和波斯語中表示「藍色」或「天空」的「lazward」。

寶石的名稱有各式各樣的語源。除了容易理解的外觀和顏色之外，還包括產地或有關聯的人名，以及已經不再使用的古語等等，讓人感受到寶石的歷史。讓我們從各個名稱中探索寶石的根源吧！

海藍寶

由拉丁語中意指「水」的「aqua」和「海」的「marina」組合而來。

尖晶石

從原石的晶體形狀而來，源自拉丁語中意指「刺」的「spina」。

石榴石

源自拉丁語中的「granatus」，意思是「石榴」。在日本直接稱為「ざくろ石」。

黃水晶

源自法語中與「檸檬」相似的柑橘類植物名稱「citron」。在日本被稱為「黃水晶」。

翠榴石

鑽石一詞源自希臘語的「adamas」，意思是「不被征服」。因為翠榴石能像鑽石一樣釋放出強烈的七彩色光，因此被命名為「與鑽石相似」之意的「demantoid」。

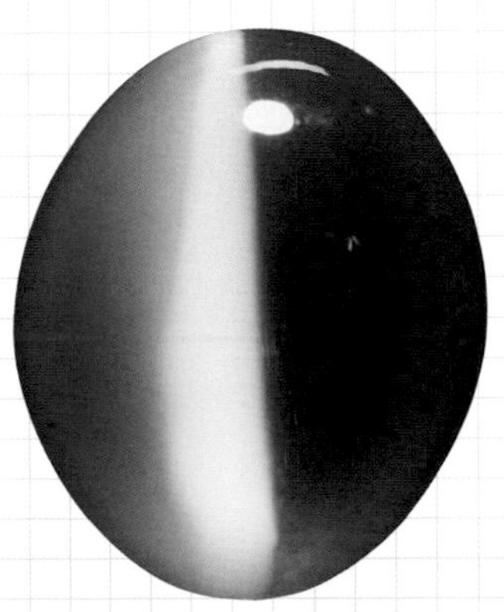

金綠玉貓眼石

因外觀與貓眼相似而得名。轉動的話貓眼看起來會張開閉合。

2 ｜源自單詞、地名或人名的寶石

自古以來就備受珍視的寶石通常會用讓人感受到歷史悠久的古老單詞命名。以地名為寶石命名會讓人感受到寶石之旅的魅力，而用人名命名，就像是想把名聲和成就都封存進寶石中一樣。

單詞

蛋白石

羅馬人將其命名為「opalus」，意指「珍貴的石頭」。

拓帕石

源自梵語單詞「tapas」，意思是「火」。

貴橄欖石

源自阿拉伯語的「faridat」，意指「寶石」。

紫水晶

源自古希臘語「amethustos」，「不醉酒」之意。

地名

土耳其石

雖不產自土耳其，但因為是經由土耳其傳入歐洲，所以命名為「Turquoise」，意思是「土耳其的石頭」。

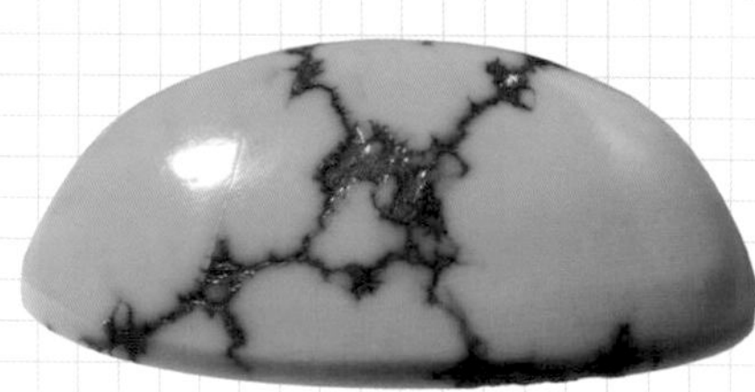

沙弗萊

發現於肯亞的沙佛國家公園（Tsavo East National Park）。在鈣鋁榴石中，只有鮮豔濃郁的綠色石榴石才被稱為「沙弗萊（Tsavorite）」。

丹泉石

1967 年在坦尚尼亞被發現。在名為「黝簾石」的礦物中，只有透明美麗，顏色呈藍紫色至紅紫色的才被稱為「丹泉石（Tanzanite）」。

人名

摩根石

以美國銀行家兼知名寶石收藏家約翰・摩根（J. P. Morgan）的名字命名。

亞歷山大變色石

1830 年在俄羅斯烏拉山脈被發現。以後來成為俄羅斯皇帝的皇儲亞歷山大二世命名。

舒俱徠石

日文名「杉石」是以發現者之一的日本岩石學家杉健一博士名字命名。

3 ｜是寶石名還是礦物名？

寶石中有些寶石名稱與礦物名稱不一樣。例如紅寶石和藍寶石是寶石名稱，但礦物名稱是「剛玉」。由於它們的顏色不一樣，以至於人們一度認為它們是不同的礦物，但隨著科學分析進步，得以了解它們其實是同一種礦物。剛玉的名稱源自梵語（印度的古老語言）的「Kuruvinda」，意思是「紅寶石」。

同樣地，祖母綠與海藍寶都屬於名為「綠柱石」的礦物，綠色的稱為祖母綠，淺藍色的稱為海藍寶。其他顏色的話，有的像粉紅色的摩根石一樣擁有特殊的名稱，也有單純將顏色與礦物名結合的紅色綠柱石、黃綠柱石。

鑽石、拓帕石和碧璽等寶石的名稱與礦物名相同。在具體描述時，可能會添加顏色名稱，例如藍色彩鑽或粉紅拓帕石，或者像帕拉伊巴碧璽一樣添加產地名稱。

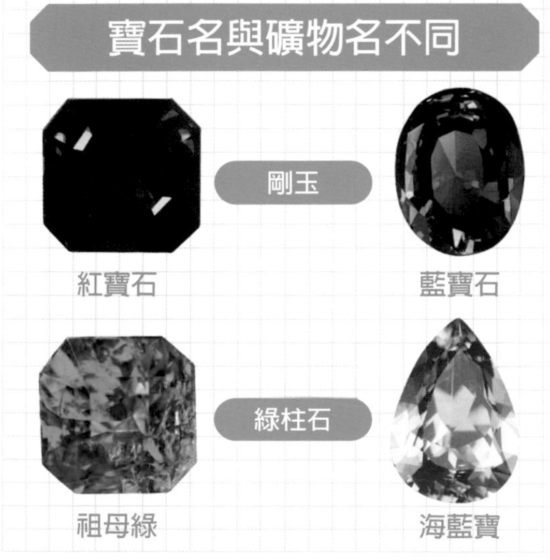

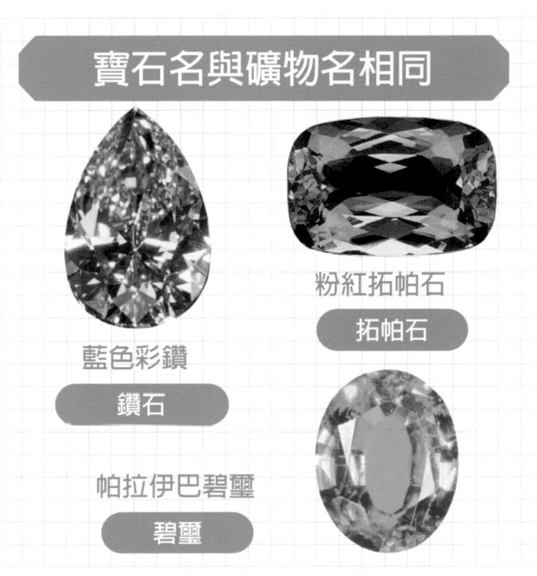

4 ｜挑戰寶石的名稱測驗吧！

請根據以下圖片及說明，試著在右頁的寶石、礦物名稱測驗中，將答案填入空格內，看看你能答對多少？

孔雀石

與孔雀的羽毛顏色相似。寶石名稱來自希臘語中名為錦葵的植物。

輝玉（硬玉、翡翠）

以翠鳥的美麗羽色取名。（翠鳥的日文漢字寫作「翡翠」。）

尖晶石

名稱來自原石的形狀。正八面體的角看起來像尖刺。

螢石

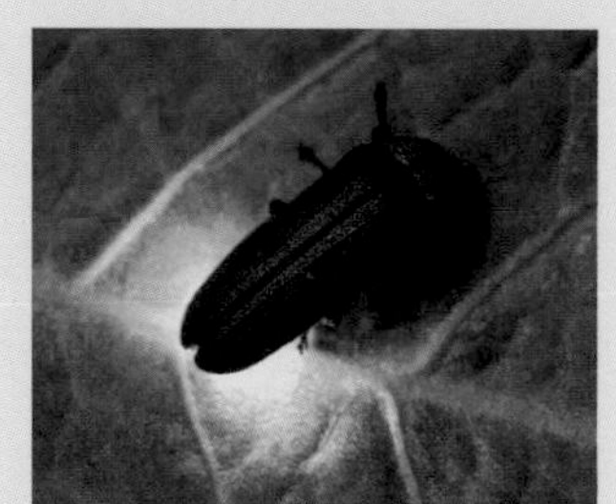

加熱時微微發光的模樣讓人聯想到螢火蟲。是發現紫外線螢光性（p.85）的寶石。

碧璽（電氣石）

具有施加熱或壓力時帶靜電的特性。

拓帕石（黃玉）

雖然有很多種顏色，但歷史最悠久的是黃色。說到黃色的玉（寶石）就會想到它。

石榴石

原石跟石榴的果實很像。過去只有紅色，現在綠色也很受歡迎。

珊瑚

有紅色和粉紅色的。是棲息在海洋中的微生物所創造的寶石。

青金石

無論在歐洲還是日本，都被用於繪畫。所謂「青金石色」是什麼顏色呢？

鑽石（金剛石）

「金剛」在佛教用語中表示非常堅硬的意思。金剛石也很堅硬喔！

水晶

過去被認為是「永遠不會融化的冰」。

瑪瑙

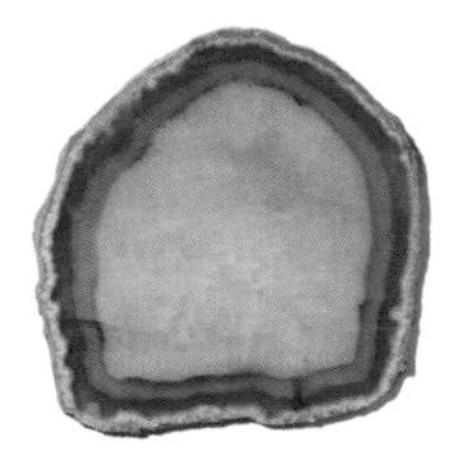

特徵是具有漂亮的條紋圖案。在日本的青森縣和石川縣等地可以採集到。

蛋白石

日本能開採到閃閃發光的東西並不多，幾乎都是像蛋白一樣的東西。

① 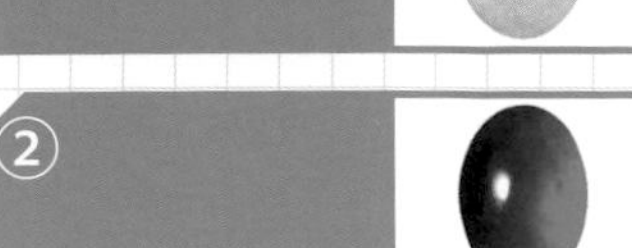

② 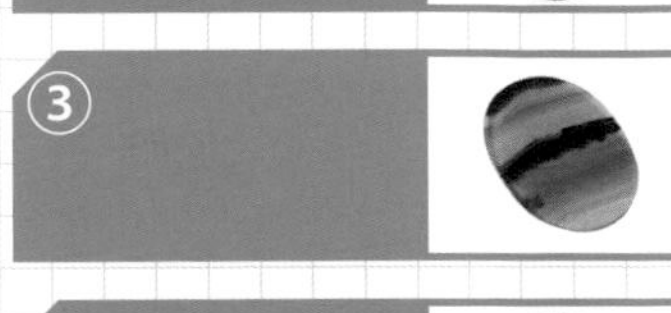

③ 

④ 

⑤ 

⑥ 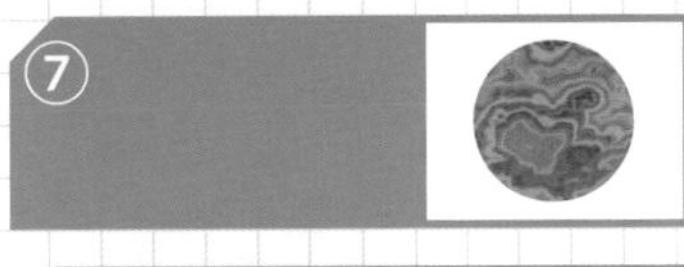

⑦ 

⑧ 

⑨ 

⑩ 

⑪ 

⑫ 

⑬

答案就在p.123

6 歷史的祕密

1 ｜從世界地圖看寶石的歷史

寶石的歷史是文化史和旅行史。美麗的寶石離開產地，前往強大的國家或地區。有新興的產地，也有存在很長時間的產區，還有已經無法再開採的地方。由於寶石能跨越時代持續閃耀，因此以前的產地也很有名。

歐洲
寶石或珠寶被有地位的人當作展示權力的工具。

俄羅斯
現今鑽石的主要產地。

印度
在 18 世紀之前是鑽石的唯一產地。印度王室並沒有把形狀漂亮的原石出口到國外。

羅馬
古羅馬的學者老普林尼在其著作《博物誌》的最後一章中闡述了寶石。

埃及
各式各樣的寶石沉睡在金字塔等特別的陵墓裡。

柬埔寨
以前藍寶石的主要產地。

喀什米爾
著名的藍寶石產地。

泰國
以前紅寶石的主要產地。

尚比亞
現今祖母綠的主要產地。

莫三比克
現今紅寶石的主要產地。

馬達加斯加
現今藍寶石的主要產地。

辛巴威
現今祖母綠的主要產地。

斯里蘭卡
現今藍寶石的主要產地。

納米比亞
現今鑽石的主要產地。

波札那
現今鑽石的主要產地。

南非
第三個發現鑽石的產地，現為鑽石的主要產地。首次發現原生礦床，推動對鑽石的研究。

緬甸
歷史悠久的紅寶石和藍寶石產地，時至今日仍是主要產地。

中國
西安（舊長安）是絲綢之路的起點。是與日本進行貿易的重要場所。

早在人類歷史有文字記錄前，寶石就已出現在人類的生活中。在遠古的石器時代遺跡中就有發現寶石，遙遠的寶石訴說著世界各地人們之間的交流。讓我們透過寶石和珠寶，一窺世界歷史的一隅吧！

歐洲珠寶文化的核心人物 尚・巴蒂斯特・塔維涅（Jean-Baptiste Tavernier）

塔維涅於 1605 年在法國巴黎出生。在雕刻家父親的店裡看到地圖後，開始對外國產生憧憬，並在 1623 年首次橫越歐洲。之後遠赴亞洲 6 次，為法國王室帶回許多珍貴的寶物。自 1676 年開始出版遊記，詳細記錄所到之處的風土民情，以及所購寶石的形狀與價值計算等細節。

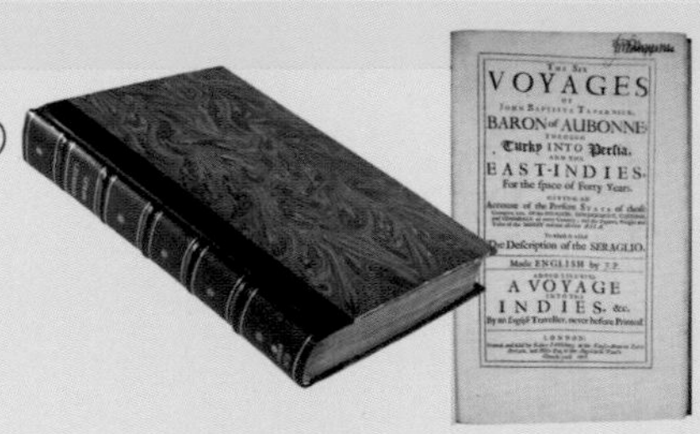

塔維涅出版的遊記《尚・巴蒂斯特・塔維涅的六航記》。

日本

在繩文時代，產自新瀉縣糸魚川的輝玉（硬玉、翡翠）被用作勾玉，流傳到日本各地。

加拿大

現今鑽石的主要產地。

美國

在 1849 年的淘金熱中，人們為了尋找黃金而開墾拓荒。到了 20 世紀，成為世界第一的珠寶消費大國。

墨西哥

輝玉在 15 世紀的阿茲特克文明中備受珍視。

絲綢之路

許多珠寶與各地的特產或黃金白銀一起旅行。包括阿富汗的土耳其石、中國的輝玉和印度的鑽石。據說這段旅途總長度約為 8400 公里。

哥倫比亞

歷史悠久的祖母綠產地，時至今日仍是主要產地。

巴西

僅次於印度的第二大鑽石產地。與印度一起在 1860 年代停止開採。目前產出多種寶石。

大航海時代

在 16 世紀，西班牙和葡萄牙建立起連結世界的海上航線。將來自哥倫比亞的祖母綠和來自墨西哥的輝玉運往歐洲。

運輸寶石的主要路線

絲綢之路
西班牙的航線
葡萄牙的航線

2 ｜透過寶石追溯珠寶的歷史

一般認為地球是在 46 億年前誕生，我們已經發現了在 44 億年前形成的鋯石和 30 億年前形成的鑽石。而珠寶的歷史幾乎與人類的歷史同步展開，那麼伴隨各地文化發展的珠寶有哪些呢？

在日本 5～6 世紀古墳時代製作的國寶「輝玉光玉」。出土自熊本縣和水町的江田船山古墳。

「用翡翠製作的勾玉」

西元前3000年左右
日本
輝玉（硬玉、翡翠）

在西元前 10 萬年至 7 萬年左右，石器時代的人們在貝殼上鑽孔，在石頭上雕刻圖案。已知在繩文時代，會將輝玉（硬玉、翡翠）加工製成勾玉。《萬葉集》的和歌中也有被認為是翡翠的「玉」一詞出現。

西元前1991年～西元前1650年
古埃及
紫水晶、黃金

在埃及或希臘等古代文明發展的地區，珠寶集中在王室或權貴手中。這個紫水晶被雕刻成聖甲蟲形狀，古埃及人認為它是神的化身。使用黃金加工製成戒指，在埃及王室的陵墓中沉睡很長一段時間。

圖坦卡門

西元前1300年代古埃及第18王朝的第12位法老王

圖坦卡門的面具

在黃金中使用了各種寶石，包括青金石、紅玉髓、土耳其石和黑曜石等。

「約4000年前的聖甲蟲戒指」

出處：〈輝玉光玉〉東京國立博物館 ColBase（https://colbase.nich.go.jp）

瑪麗．安東妮

1755年～1793年。法國國王路易十六的王后。法國大革命爆發後被處決。

繼承者是瑪麗．安東妮

路易十四的孫子路易十六和瑪麗．安東妮夫婦繼承了巨額的財產，包括「希望鑽石」。從兩人手中轉移後，由歐洲和美國的富豪所擁有。

「有史以來最大顆的藍色彩鑽」

插圖繪製的希望鑽石是目前在美國史密森尼國家自然史博物館展出的設計。自路易十四購買以來，已經過多次切割修改，被鑲嵌在多種珠寶設計中。

1668年

法國

鑽石

以「太陽王」稱號名聞遐邇的路易十四從亞洲之旅歸來的尚．巴蒂斯特．塔維涅手中，購買了 1000 顆以上的鑽石。其中一顆就是後來被稱為「希望鑽石」的大顆藍色粉鑽。

6～8世紀

東羅馬帝國（今土耳其周邊）

祖母綠、黃金

在這個時期，人們相信美麗的寶石是神創造的，具有神奇力量，由地位高的人配戴。這枚祖母綠戒指也被認為曾由主持儀式的神職人員使用過。

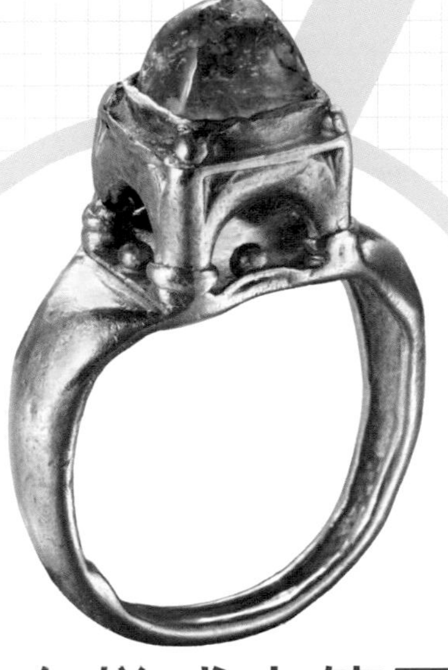

「曾在儀式中使用過的祖母綠戒指！？」

克麗奧佩脫拉

西元前69年～30年。古埃及的著名女王

克麗奧佩脫拉喜愛的寶石

據說喜歡綠色的寶石，擁有天然珍珠製的耳環。

出處：〈聖甲蟲戒指〉聖甲蟲：OA.2012-0002、〈祖母綠戒指〉金製戒指：OA.2012-0108 / 國立西洋美術館 橋本收藏品

「波斯的寶藏！祖母綠匕首」

拿破崙・波拿巴

1769年～1821年。作為法國皇帝統治歐洲。

創造流行的拿破崙

與妻子約瑟芬一起製作模仿希臘和羅馬帝國文化的珠寶，成為一種潮流。

18世紀中葉
鄂圖曼帝國（今土耳其周邊）
祖母綠、鑽石、黃金等

鄂圖曼帝國的皇帝馬哈茂德一世命人製作一把祖母綠匕首，當作禮物送給波斯（現今伊朗）阿夫沙爾王朝的君王。然而由於君王遇刺，祖母綠匕首就成為帝國的寶物，收藏在托普卡匹皇宮（Topkapı Sarayı）中。

「有趣的文字遊戲戒指」

約1830年
英國
紅寶石、祖母綠、石榴石、紫水晶、鑽石、珍珠、黃金

藉由所用寶石的首字母來傳遞訊息。將R（紅寶石）、E（祖母綠）、G（石榴石）、A（紫水晶）、R（紅寶石）、D（鑽石）組成「REGARD（尊敬、好意）」。從這個時期開始，因為工業革命誕生新興富豪，珠寶變得更加普及和流行。

湯瑪斯・愛迪生

1847年～1931年。美國發明家。發明出留聲機、白熾燈泡等。

愛迪生發明燈泡

隨著動力從人力、水力轉變成蒸氣和電力，琢磨寶石的技術也得以發展。在電燈的照明下，熠熠生輝的鑽石更加引人注目。

「現代裝飾藝術風格的設計」

約1925年

製作地不詳

鑽石、鉑金

流線簡潔的設計風格盛行。這枚戒指說明，進入 20 世紀之後，鉑金加工技術日趨完善，鑽石的產量增加，將鑽石精確打造成相同大小的技術出現。

「蛋白石新藝術風格設計」

約1900年

法國

蛋白石、鑽石、黃金

與王室貴族設計的閃亮珠寶不同，新藝術運動以東方和自然為靈感，採用曲線設計。使用月長石或蛋白石等不昂貴的寶石。有許多像藝術品一樣精緻的作品。

「做工精美的愛德華時代戒指」

約1900年

美國

鑽石、鉑金、黃金

在這個時期，加工技術發展到可以處理高熔點的鉑。是使用鑽石並在鉑金上進行精緻雕工的愛德華時代風格。瑪麗．安東妮喜愛的花環設計被納入其中。

出處：〈文字遊戲戒指〉"REGARD" Ring：OA.2012-0400、〈裝飾藝術風格的戒指〉六角形鑽石的裝飾藝術風格戒指：OA.2012-0491、〈新藝術風格的戒指〉植物主題的新藝術風格戒指：OA.2012-0462〈愛德華時代戒指〉馬眼形戒指：OA.2012-0479 ／ 國立西洋美術館 橋本收藏品

價值的祕密

1 ｜如何成為具有價值的寶石？

寶石是「美麗」、「耐久」、「具有欣賞價值的大小」以及「很多人想擁有卻數量有限的東西」。如果不美麗就不會被發現，如果沒有足夠的耐久性和適當大小，就無法長久保持美麗。

所謂寶石的價值是什麼？

「數量有限」的物品是非常罕見的。無論多美麗且耐久的寶石，如果任何人都可輕易取得的話，就不稀有了。

此外，再漂亮的東西如果很脆弱或很少人知道，想要擁有它的人就很少，且無法隨時進行買賣。像這樣「不能成為寶石的石頭」，被稱為「collectors stone」（供石頭收藏愛好者收藏的石頭）。

寶石之所以可以跨越時代在世界各地的市場上交易，正是因為有許多人認為它們具有價值。就像鑽石或紅寶石這種歷史悠久且眾所周知的寶石，總是有很多人想擁有，就會有人開採、運輸、琢磨和販售，出現交易市場。

因顏色為霓虹藍而大受歡迎的帕拉伊巴碧璽，在礦藏被挖掘殆盡，交易量減少之後，就變得非常珍貴。珍珠和珊瑚雖不耐久，但歷史悠久且想要的人絡繹不絕，因此備受珍視。

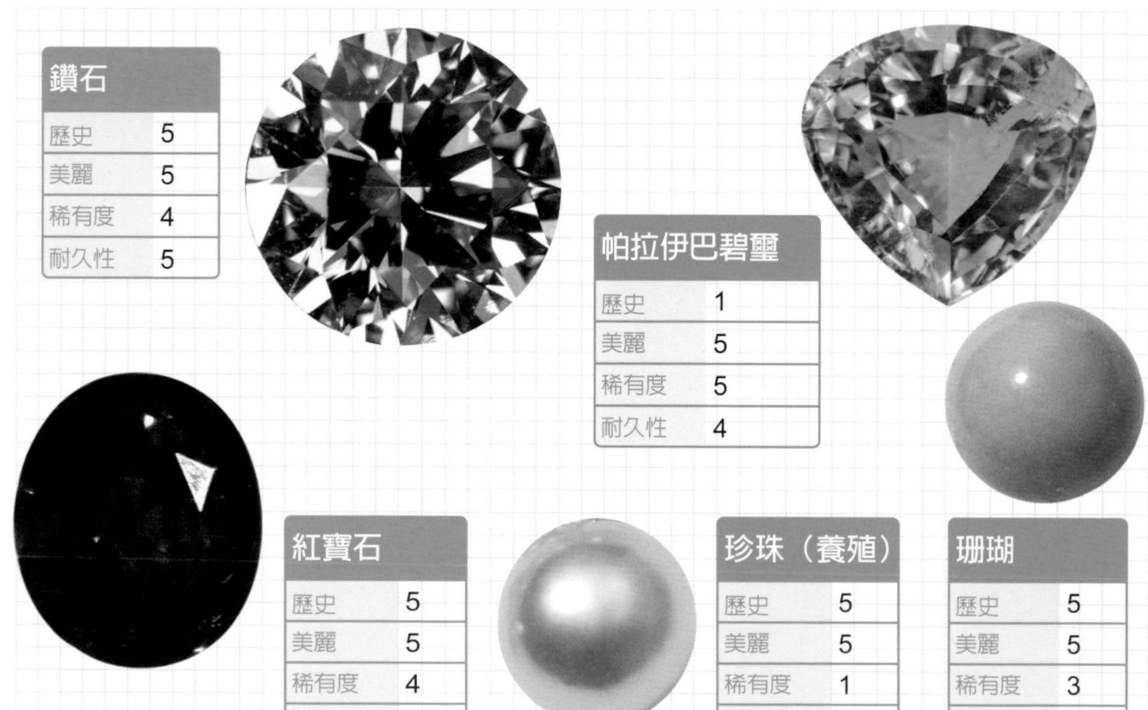

寶石是具有價值的。在漫長歷史中，寶石的價值從未喪失過。那寶石的價值是如何決定的呢？此外，寶石又是如何到達我們手中，並跨越時代傳承下去的呢？

什麼是需求與供給？

物品的價值取決於想要它的人數（需求）和該物品的數量（供給）。就寶石而言，當這個寶石的品質人盡皆知時，需求就會增加。供給則會隨著發現新產地而增加，或隨著產量耗盡減少。

事實上，需求不會在漫長的歷史中急遽變化。此外，供給包含了新開採的寶石以及持有者出售進行交易的寶石，因此價值並不會大幅上漲或下跌。

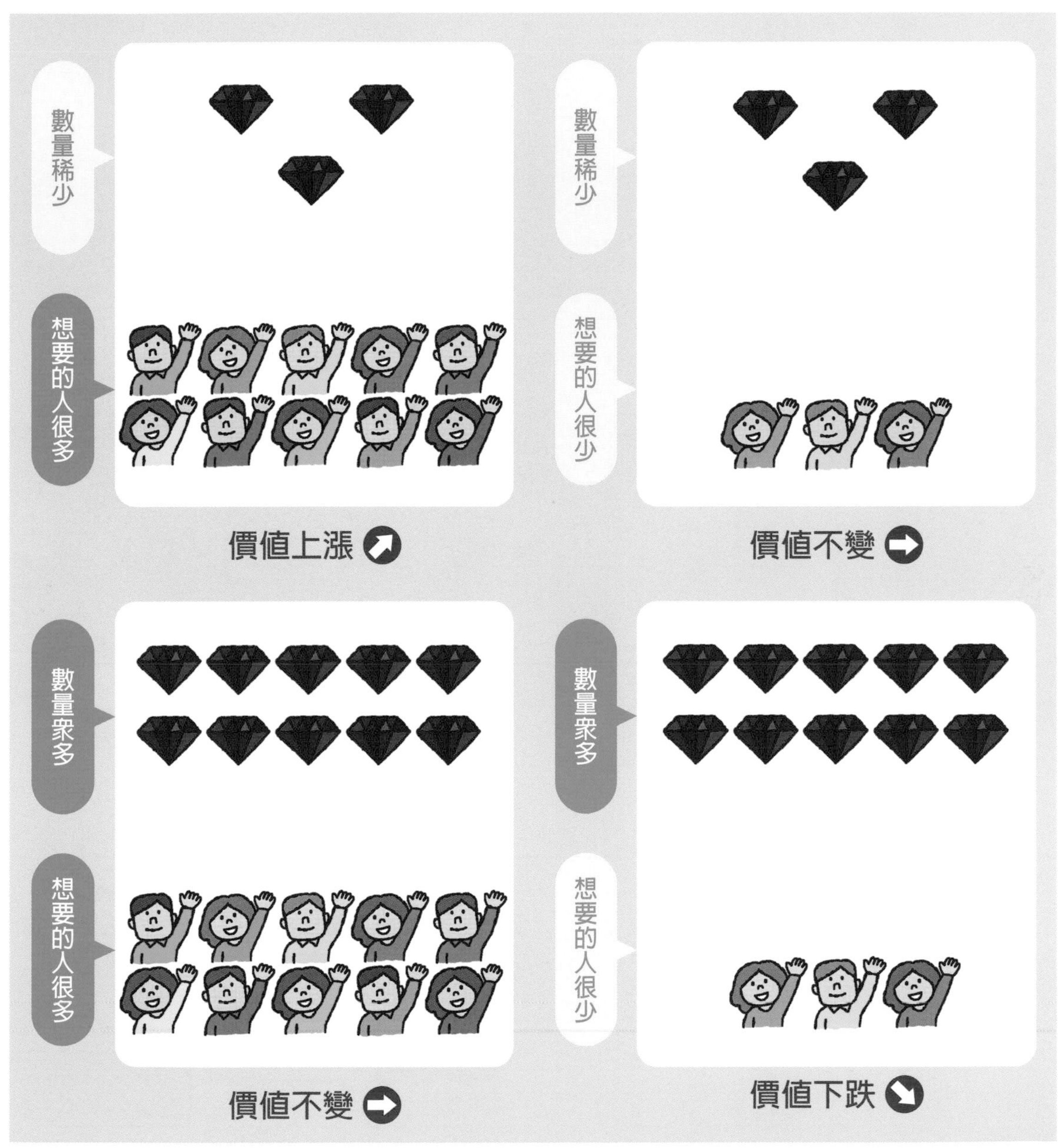

寶石的數量是有限的嗎？

迄今為止，人類已挖掘出 1200 公噸的鑽石用於珠寶和工業用途。就體積而言，相當於一個普通小學游泳池（長 25 公尺、寬 12.5 公尺）裝滿約 1 公尺深的水量。其中經過切割加工為珠寶用的鑽石約 60 公噸，僅足以裝滿 2 輛倫敦的雙層巴士。

順帶一提，自古以來與金錢等同價值的黃金，目前為止約已挖掘出 17 萬公噸，作為汽油和塑膠原料的原油每天約產出 1300 萬公噸。即使是寶石中交易最為頻繁的鑽石，與其他天然資源相比，也是相當有限。

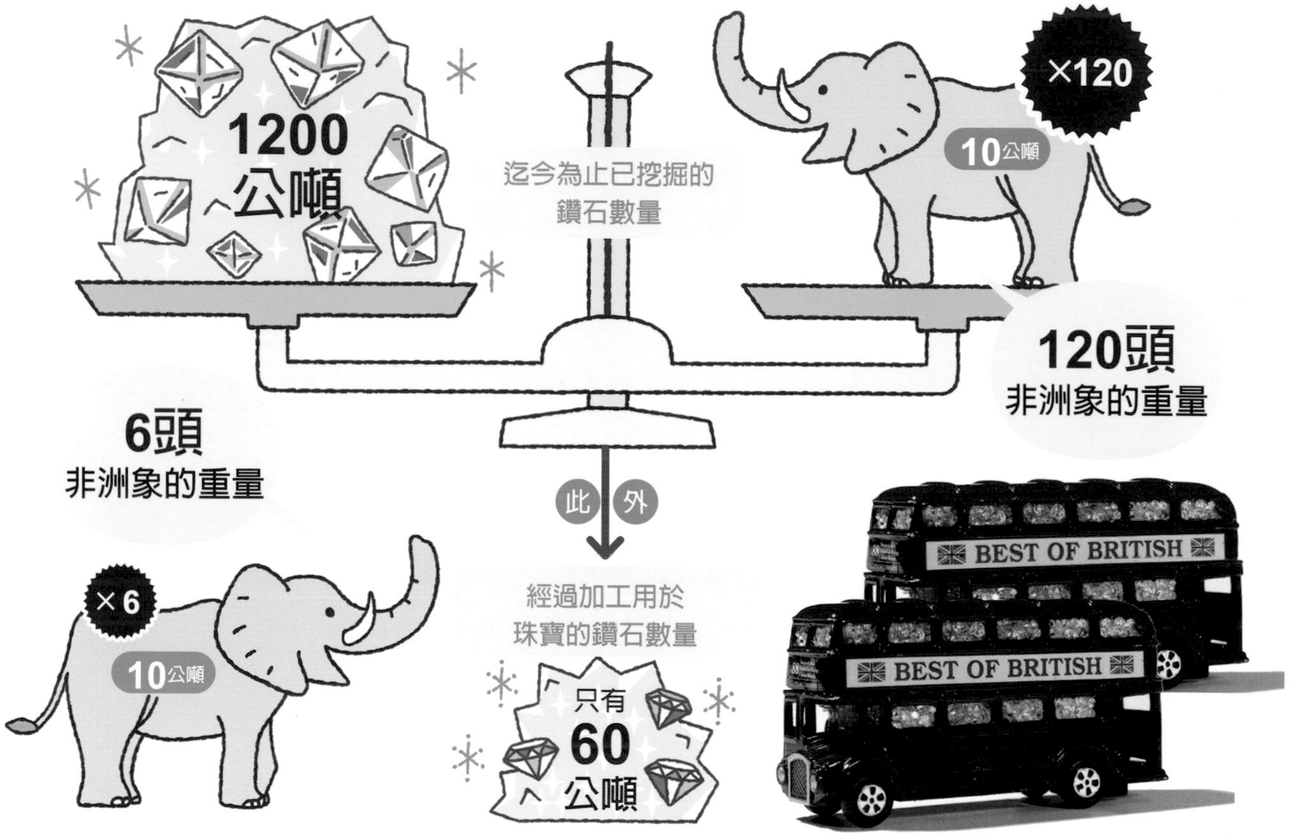
1200
公噸
迄今為止已挖掘的
鑽石數量
×120
10公噸
120頭
非洲象的重量
6頭
非洲象的重量
此外
×6
10公噸
經過加工用於
珠寶的鑽石數量
只有
60
公噸
BEST OF BRITISH
BEST OF BRITISH

寶石會持續保值！

我們身邊有許多物品經過使用後會耗盡或變得陳舊，最終失去價值。但是美麗且具有耐久性的寶石，會持續保值並傳承下去。通常會由持有者身邊親近的人成為下一個持有者，但有時也會由陌生人接手。

自 18 世紀以來，拍賣會一直是傳承寶石的場所。在拍賣會上，欲購買者中出價最高者可購買到想要出售物品者展出的拍賣品。獨一無二的寶石會吸引世界各地的買家前來。近年來，網路拍賣等方式也成為持有者的牽線管道，讓傳承有價值的物品變得更加平易近人。

MAINICHI
AUCTION
501

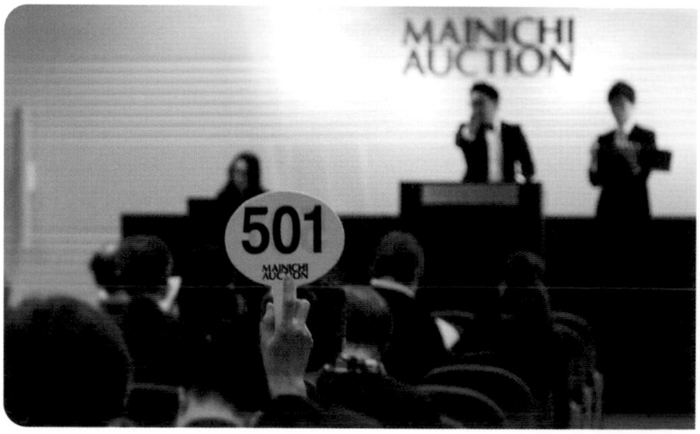

拍賣會的情形。寶石就像繪畫等藝術品一樣透過拍賣會轉讓給下一位持有者，延續寶石的價值。

2 | 寶石的旅程 ～世代相傳～

如果仔細觀察照片中的戒指，會發現在大顆祖母綠周圍排列的小顆鑽石中，有些大小和形狀略有不同。這是寶石脫落後進行修復的部分。此外，戒指上的刻字「Platinum（鉑金）」在中間斷開了，戒指有調整過戒圍的痕跡。

能夠保值的寶石被訂製成珠寶，並受持有者珍惜使用，於必要時進行修復，並在持有者更迭下傳承，能夠永遠地持續閃耀。

3 ｜什麼是真正的寶石？

無論是現在還是以前，人們都會因與美麗的寶石相遇而感動。我們會想起大自然所創造的奇蹟，並對大自然的神祕感到著迷。透過科學揭示的祕密，將成為識別真正寶石的線索。

「鑑定」是在做什麼？

寶石以前是透過容易分辨的顏色進行分類，因此紅色的寶石稱為紅寶石，綠色的寶石稱為祖母綠，藍色的寶石稱為藍寶石，黃色的寶石稱為拓帕石。

漸漸地，人們發現即使是相同顏色的寶石，在硬度、重量和光芒等方面也會有所不同，隨著科學進步，終於清楚成分差異。這些差異會影響寶石價值，所以必須要識別這些寶石的種類。

「鑑定」就是觀察並識別寶石的種類。鑑定時，會使用放大鏡或顯微鏡仔細觀察寶石，並測量光線穿過寶石的方式。經過科學檢測，我們可以回答這顆紅色的石頭是什麼，確定它是紅寶石還是鐵鋁榴石，是天然還是人工合成寶石。

紅寶石

鐵鋁榴石

寶石鑑定放大鏡的放大倍率和普通放大鏡一樣是 10 倍！

「鑑定書」是什麼？

「鑑定書」中詳細記載著寶石的名稱和產地等檢測這顆寶石後的相關訊息。與「鑑定」相似的字詞還有「鑑別」和「估價」。這些字詞在意思上有些區別。

鑑定：透過仔細檢查區分種類或真偽。

鑑別：判斷物品的好壞或真偽。

估價：透過詳細檢查決定等級、金額和價值。

也就是說，識別寶石種類是「鑑定」，判斷寶石好壞是「鑑別」，以金額標示寶石的價值是「估價」。

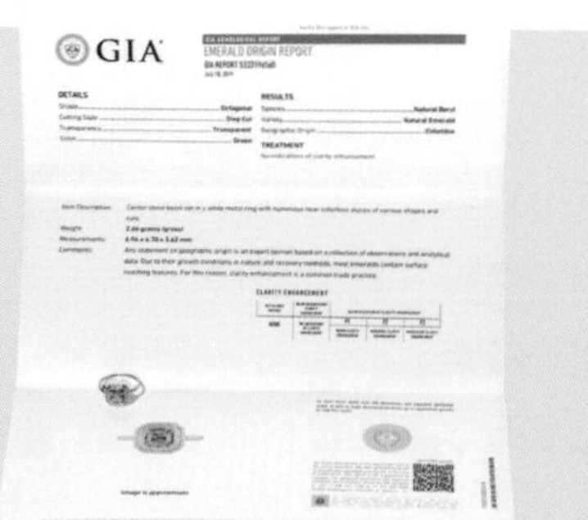

GIA
EMERALD ORIGIN REPORT

p.113 的祖母綠戒指所附之鑑定書，記載礦物的種類和產地。

這是寶石嗎？還是……

由於寶石美麗且價值不菲，因此自古以來就有各式各樣的「相似物」被用來當作替代品。例如藍色美麗且具有耐久性，各方面無可挑剔又頗受歡迎的藍寶石。天然的「無處理藍寶石」若具有非常濃郁的顏色，將價值連城。即使顏色不夠鮮豔，經過加熱優化呈現藍色的「加熱優化藍寶石」還是會被識別為寶石。

與藍寶石相似的寶石有丹泉石和堇青石。兩者都具有透明感且非常美麗，但耐久性較差，價值不如藍寶石。丹泉石和堇青石有著替代藍寶石的歷史，並擁有各自作為寶石的價值。

也有外觀與藍寶石相似，但不是寶石的東西。例如由玻璃或塑膠製成的寶石玩具，任何人都知道它們並不具有寶石的價值。此外，在天然藍寶石中添加顏色成分致色的「擴散處理藍寶石」或在工廠大量製造的「人工合成藍寶石」，由於可以隨意製造，因此都不被視為寶石，也不具備寶石的價值。

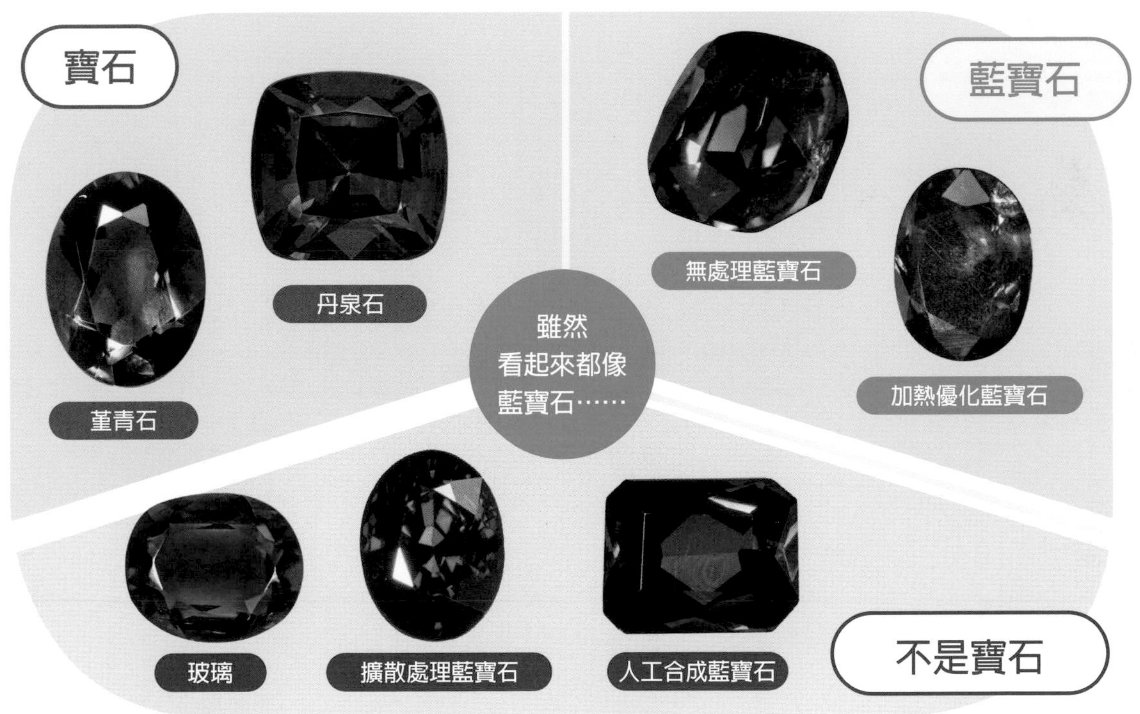

寶石是自然形成的產物

隨著科學進步，透過輻射改變寶石顏色以及合成與天然寶石相同成分等先進技術已經誕生。利用這些技術，出現很多與美麗寶石相似但「不能稱為寶石的東西」。然而，寶石畢竟是自然形成的產物，正因為是地球孕育出的美麗珍貴之物，才被許多人追求並具有價值。

左側照片中是兩個以不同方法製作的人工合成鑽石。經過琢磨後，無法以肉眼辨別它們是否為天然鑽石，就像下面的照片一樣。

誕生石會隨著時代而改變

或許有些人曾經在挑選寶石時查詢過自己的誕生石。從古代開始，人們就認為寶石的特殊美麗源自神力，為了得到神祕力量的庇佑，他們將寶石當作護身符配戴或放在身邊。

據說誕生石的起源是聖經中出現的 12 種寶石。在那之後，從天文觀測發展出來的占星術與各地的傳說結合，形成誕生石的概念。

現今的誕生石是以 20 世紀美國寶石商決定的內容為基礎，再配合各國文化，增添新出產的寶石，並根據國家或年代而有所不同。

除了誕生石，還有與占星相同觀念的星座石、相信寶石蘊含自然力量的能量石等，世界各地都存在將寶石之美視為心靈支柱的文化。當你喜愛且珍視寶石時，或許它們會成為你的護身符也說不定喔！

1月 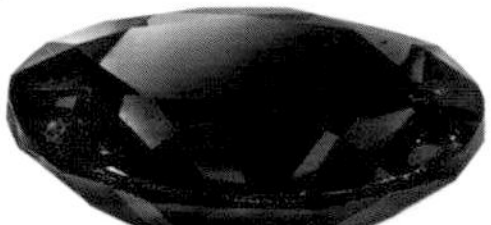
石榴石

2月 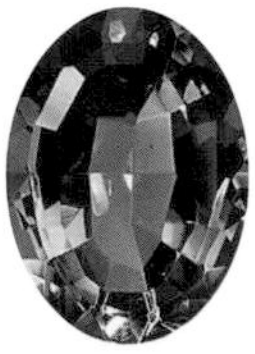
紫水晶

3月 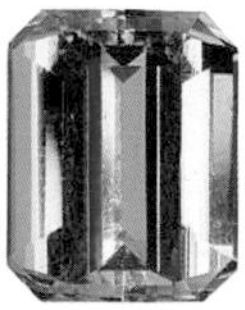
海藍寶 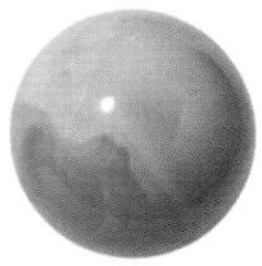　珊瑚

4月 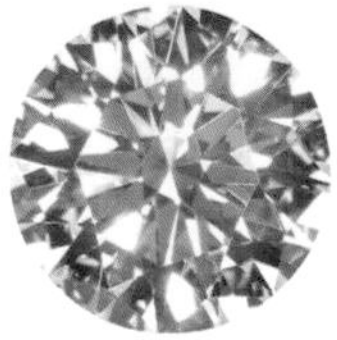
鑽石

5月 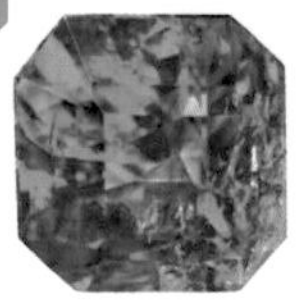
祖母綠 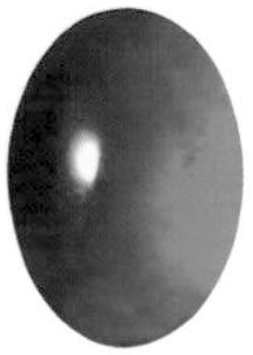　輝玉（硬玉、翡翠）

6月 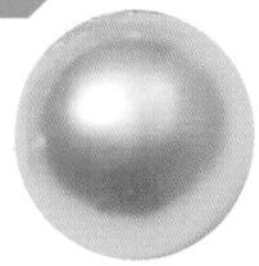
珍珠 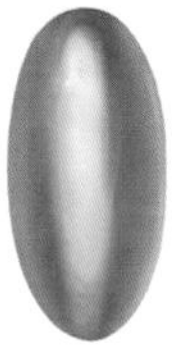　月長石

7月 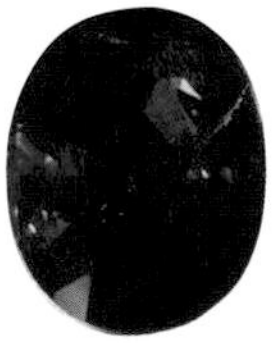
紅寶石

8月 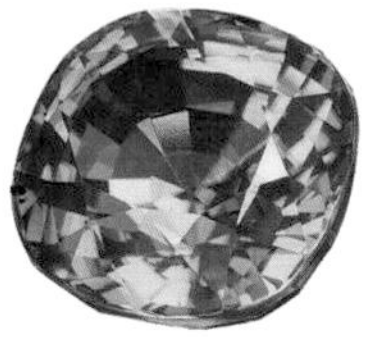
貴橄欖石

9月 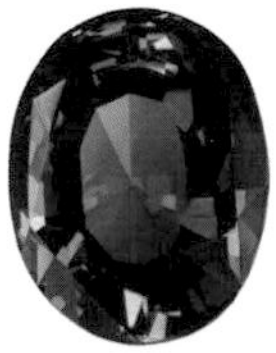
藍寶石

10月 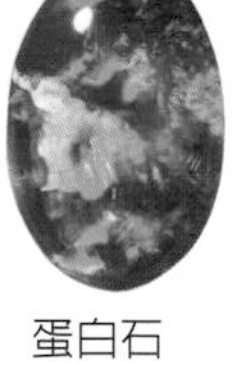
蛋白石 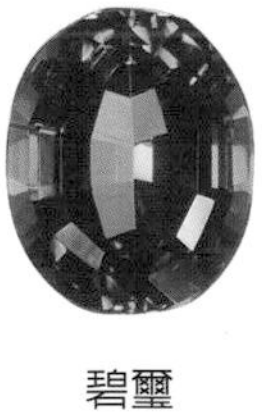　碧璽

11月 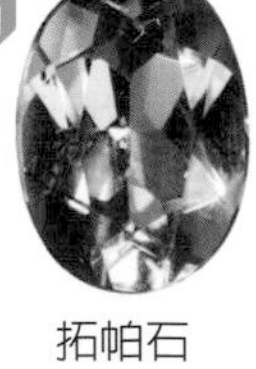
拓帕石 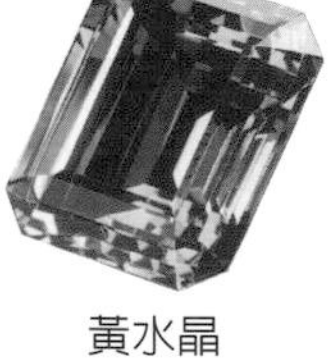　黃水晶

12月 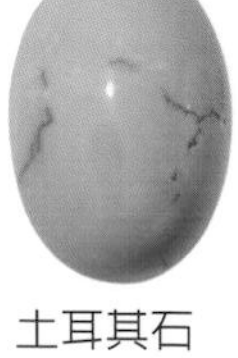
土耳其石 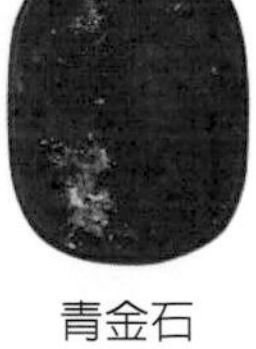　青金石

附錄

左上是鑽石、右上是藍寶石、
左下是祖母綠、右下是紅寶石

附錄 1 在元素週期表中找出寶石的成分！

「元素週期表」是什麼？

元素週期表是 1869 年由俄羅斯科學家門得列夫博士所創建的元素列表。元素按照原子序數橫向排列，具有相似性質的元素縱向排列。

表格的閱讀方式

H
氫
1

元素符號……表示元素種類的符號。

元素名稱……元素的名稱。

原子序……一個原子中包含相同數量的「質子」和「電子」，原子序是根據質子數設定的編號。

	1	2	3	4	5	6	7	8	9
1	H 氫 1								
2	Li 鋰 3	Be 鈹 4							
3	Na 鈉 11	Mg 鎂 12							
4	K 鉀 19	Ca 鈣 20	Sc 鈧 21	Ti 鈦 22	V 釩 23	Cr 鉻 24	Mn 錳 25	Fe 鐵 26	Co 鈷 27
5	Rb 銣 37	Sr 鍶 38	Y 釔 39	Zr 鋯 40	Nb 鈮 41	Mo 鉬 42	Tc 鎝 43	Ru 釕 44	Rh 銠 45
6	Cs 銫 55	Ba 鋇 56	La-Lu 鑭系元素 57-71	Hf 鉿 72	Ta 鉭 73	W 鎢 74	Re 錸 75	Os 鋨 76	Ir 銥 77
7	Fr 鍅 87	Ra 鐳 88	Ac-Lr 錒系元素 89-103	Rf 鑪 104	Db 𨧀 105	Sg 𨭎 106	Bh 𨨏 107	Hs 𨭆 108	Mt 䥑 109

La 鑭 57	Ce 鈰 58	Pr 鐠 59	Nd 釹 60	Pm 鉕 61	Sm 釤 62	Eu 銪 63
Ac 錒 89	Th 釷 90	Pa 鏷 91	U 鈾 92	Np 錼 93	Pu 鈽 94	Am 鋂 95

- Li：紫鋰輝石中含有。用於手機電池等。
- Be：海藍寶和祖母綠的成分。也用於火箭或飛機。
- Na：輝玉中含有該元素。是鹽的成分。
- Mg：尖晶石和石榴石中含有。是製作豆腐「鹽滷」的成分。
- Ca：沙弗萊和翠榴石中含有。
- Ti：和鐵（Fe）一起使藍寶石呈現藍色。由於輕巧且耐久，也用於大型建築物或小型人工關節。
- V：使鉻綠碧璽呈現綠色。用於建造建築物的鋼材。
- Cr：使紅寶石呈紅色、祖母綠呈綠色的成分。
- Mn：通常是粉紅色寶石的顏色來源。也用於電池。
- Fe：是各種寶石的顏色來源。地球成分的 32% 是鐵。
- K：月長石的成分。海藻中富含該元素。
- Zr：鋯石的成分。可以透過檢測物品中含有的鋯石進行年代測定。

這個世界上所有物質都是由小小的「原子」構成。不同種類的原子被稱為「元素」，以一個或兩個英文字母表示。大部分的寶石也是由各種不同的元素組合而成。讓我們在「元素週期表」中找出寶石的元素吧！

水（H_2O）是由氫（H）和氧（O）結合而成。

鹽（$NaCl_2$）是由鈉（Na）和氯（Cl）結合而成的。

銀（Ag）是silver、金（Au）是gold、鉑金（Pt）是platinum。常被用於製作珠寶。

紅寶石和藍寶石的基本成分是鋁（Al）和氧（O）。

矽（Si）和氧（O）形成石英家族。

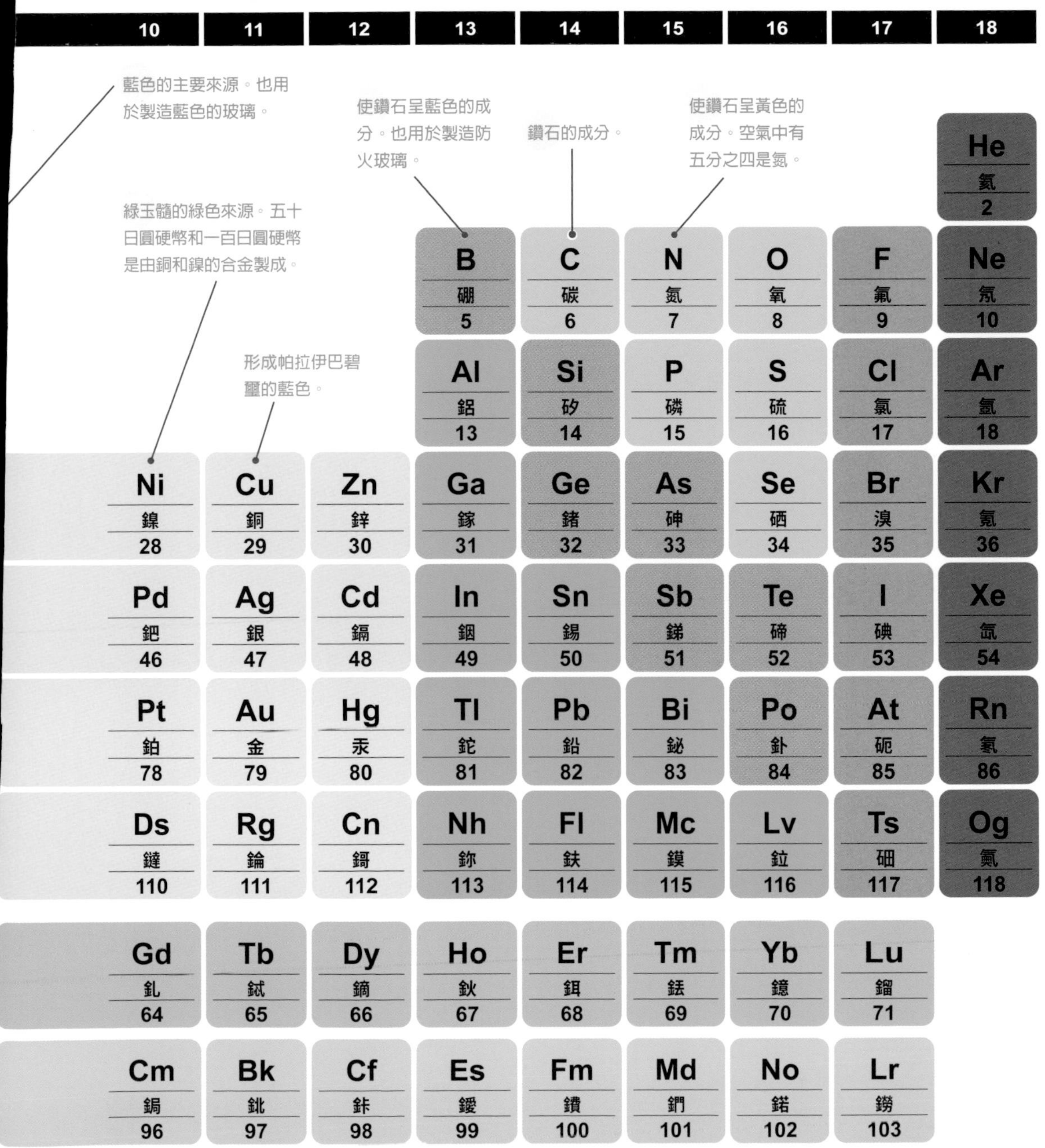

附錄 2 世界各地可以看到寶石的博物館、美術館

國立西洋美術館（日本）
The National Museum of Western Art

收藏包括有 4000 年歷史的紫水晶戒指以及數百件寶石戒指等橋本收藏品。毗鄰的日本國立科學博物館除了收藏輝玉的「青辣椒」（由諏訪喜久男先生捐贈）之外，還可看到日本最大的礦物收藏品（櫻井收藏品）。

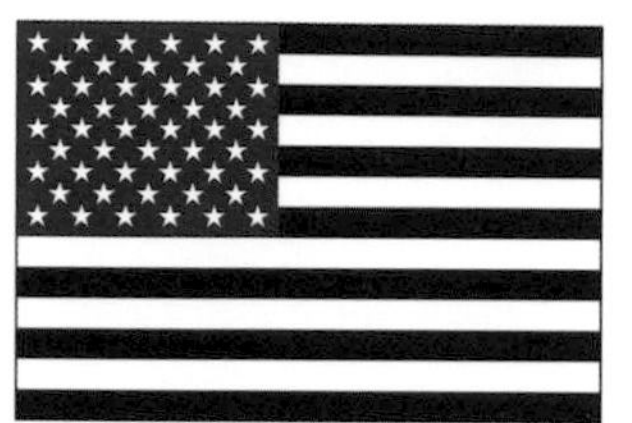

史密森尼國家自然史博物館（美國）
Smithsonian National Museum of Natural History

展示包含「希望鑽石」和「瑪麗・安東妮的耳環」在內的寶石和珠寶收藏品。

美國自然史博物館（美國）
American Museum of Natural History

從巨大的晶洞（p.77）到五顏六色的彩鑽，展示了各式各樣的礦物和寶石。

倫敦塔　珠寶屋（英國）
Tower of London Jewel House

展示英國王室所擁有的珠寶收藏。

維多利亞與艾伯特博物館（英國）
Victoria and Albert Museum

展示從古代文明到現代的歷史珠寶。

羅浮宮博物館（法國）
Louvre Museum

收藏以法國王室為首的珠寶收藏品。在「阿波羅畫廊」中，展示據說是路易十五曾佩戴過的鑽石「攝政王（Regent）」和「Sancy」。

德勒斯登王宮（德國）
Dresdner Residenzschloss

世界上最大的綠色彩鑽「德勒斯登綠鑽」在城内博物館的綠穹珍寶館中展示。

世界各國的博物館和美術館中，收藏著與該國歷史密切相關的寶石，以及被捐贈的知名寶石。除了實際前往當地參觀之外，日本還有虛擬實境（VR）旅遊或巡迴展覽，讓我們跨越時空和國界欣賞那些有價值的寶石吧！

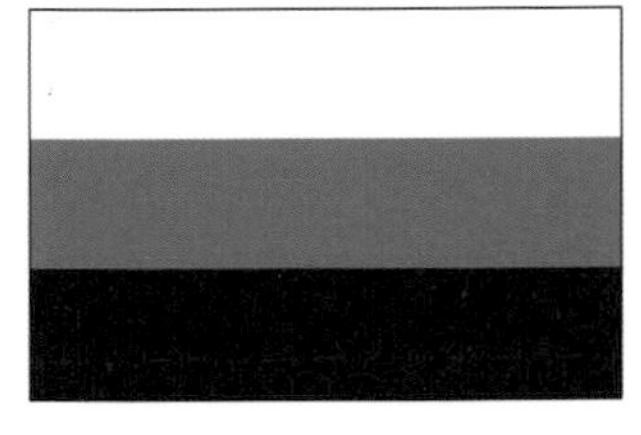

克里姆林宮　鑽石庫（俄羅斯）
Kremlin Diamond Vault

包括世界最大的鑽石「The Orlov」在內，收藏羅曼諾夫王朝的寶石收藏品。

艾米塔吉博物館（俄羅斯）
Hermitage Museum

在「鑽石屋」展示從西歐到俄羅斯的珠寶收藏品。

托普卡匹皇宮博物館（土耳其）
Topkapi Palace Museum

收藏鑲嵌祖母綠的「托普卡匹之劍」等鄂圖曼帝國寶物。

國立故宮博物院（臺灣）
National Palace Museum

善用翡翠的顏色漸層，雕刻而成的「翠玉白菜」很有名。

了解更多關於寶石的資訊

除了博物館或美術館，還可以在礦物展覽會（礦物和寶石的展示販售會）上觀察你感興趣的寶石，或仔細觀察家中的寶石，也會帶來許多新發現。請珍惜「想要知道更多關於寶石」的心情。

如果想要進一步了解更多，還可以學習「寶石學」。美國寶石研究院（GIA）是美國的寶石研究、鑑定和教育機構，他們除了開設各種關於寶石的講座之外，還提供獲得國際寶石鑑定資格（GG）的學習機會。「FGA」與 GG 是並列資格，完成英國寶石協會認定的寶石學文憑畢業生可以獲得。這些課程不僅包括教科書學習，還會使用真正的寶石實際操作。

除此之外，還有珠寶協調師、珠寶改造顧問和寶石品質判定師等一些與寶石或珠寶相關的資格，可以把對寶石或珠寶的興趣當作學習契機。包括 GIA 在內的各種專業學校都有提供關於寶石和珠寶的入門課程。

GIA Gemkids

這是 GIA 專為兒童設計的網站，除了提供關於寶石的資訊外，還介紹珠寶歷史和寶石相關的職業。雖然僅提供英文版，但有對專業術語的解釋和發音教學。包含顯微鏡照片在內，有許多易於理解的照片，即使是成年人也能加深理解。

附錄 3

寶石照片測驗&名稱測驗的答案

1 | 紅色寶石

草莓／紅寶石

根據產地和品種的不同，草莓有各種顏色、形狀和味道。紅寶石和其他寶石也會因種類和產地不同，具有各自的特色和風味。

2 | 黃色、橙色寶石

玉米／黃水晶

將紫水晶加熱可以變成黃水晶，但在加熱前不知道會變成什麼顏色。就像玉米的味道也只有在煮熟食用後才能感受到。

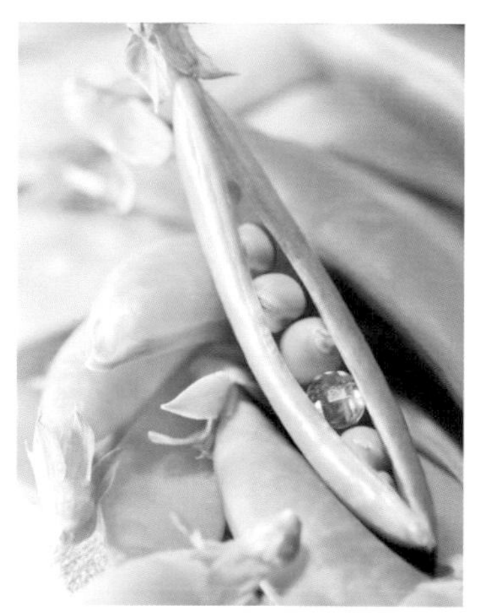

3 | 綠色寶石

豌豆／貴橄欖石

豆莢中的豆仁數量、顏色和形狀是打開後的驚喜。寶石的礦脈也是開採前不會知道可以挖掘到什麼品質的寶石，通常要挖了才知道。

4 | 藍色寶石

蠟筆／藍寶石

要用蠟筆均勻且漂亮地上色並不容易。寶石的顏色就是在大自然的任性中誕生的，每種色調都有自己的個性。

有沒有找到藏在各種物品中的寶石呢？知道這些寶石的名字嗎？說到名字，還有寶石的名稱測驗（p.102）。快來看看你答對幾題吧！

5 | 紫色、粉紅色寶石

硬葉藍刺頭／紫水晶

硬葉藍刺頭的外表和薊很像，但在植物學分類中它們並不一樣。許多寶石的名稱也都源自其外觀。

6 | 無色、白色、黑色寶石

果凍／鑽石

鑽石和上方照片中的果凍一樣是無色透明的。由於鑽石有很強的光折射能力，因此有更多的光線在內部反射，看起來更加明亮突出。

7 | 奇特光芒的寶石

孔雀羽毛／蛋白石

孔雀羽毛會隨著觀看角度不同而改變，就像蛋白石一樣。蛋白石和孔雀羽毛的表面都由小組織聚集而成，以類似的方式反射光線。

寶石名稱測驗解答

① 蛋白石
② 輝玉（硬玉、翡翠）
③ 瑪瑙
④ 碧璽（電氣石）
⑤ 鑽石（金剛石）
⑥ 石榴石
⑦ 孔雀石
⑧ 白水晶
⑨ 青金石
⑩ 螢石
⑪ 拓帕石（黃玉）
⑫ 尖晶石
⑬ 珊瑚

附錄 4

質量量表

質量量表是用來評估寶石品質的工具，會根據寶石的種類和產地而製作。

無論是怎麼樣的寶石，首先要用自己的眼睛仔細觀察，看看是否有感覺「好」、「漂亮、「有趣」和「喜歡」。

如果想進一步了解寶石的品質，質量量表就派上用場了。垂直的數字代表顏色的深淺程度，或稱為「亮度」。0 代表無色，數字愈大，顏色愈濃。橫向的字母則是美麗程度的標準，S 代表最好。美麗程度的評估是根據整體狀況判斷的，包括顏色純度的「飽和度」、透明度和切割的優質程度等因素。

以藍寶石為例，高品質的寶石應該具有適中的顏色濃度，具透明感且光澤度好。寶石的價值取決其顏色和品質，因此即使是寶石專家，質量量表也能協助判斷品質。

僅看著眼前的一顆寶石是很難判斷的，但透過質量量表進行比較，就能大致判斷該寶石的品質。

藍寶石

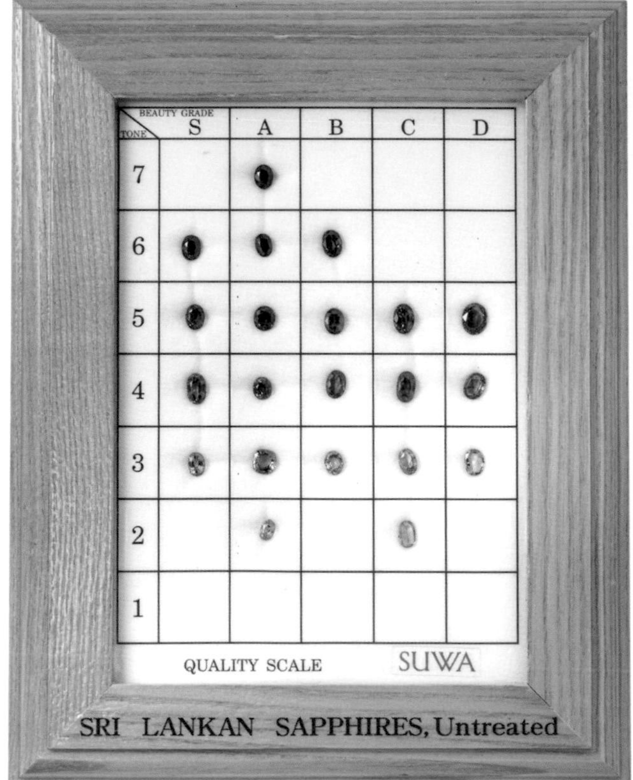

祖母綠

紅寶石

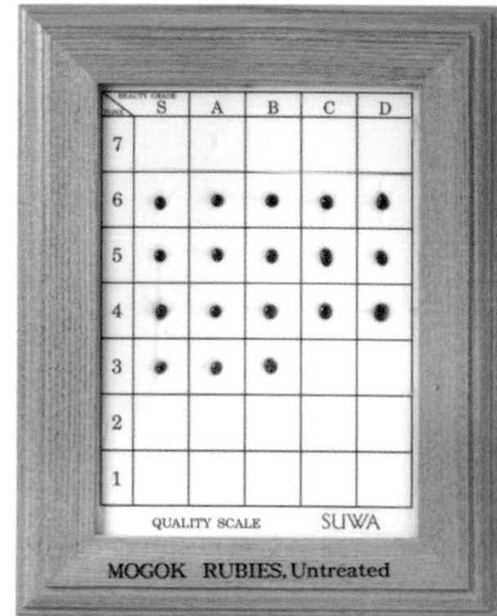

獻給拿起「祕密」的你

要探索寶石的祕密，首先，請仔細觀察自己的寶石。
如果可以，請把它拿在手中確認重量和觸感。
即使放在盒子裡，也可以一邊變化角度一邊用自己的眼睛仔細觀察。
在用眼睛觀察之後，使用放大鏡也是不錯的選擇。

所看到的和感受到的，都是解開寶石祕密的關鍵。

說明書和價格標籤等文字資訊通常容易理解且有用。
但寶石最迷人和令人感歎的地方可能並沒有記載，請珍惜自己的發現，進行研究和思考。

沒有兩顆寶石是完全相同的。
即使大小、形狀、顏色和種類都相同，它們仍有著各自的個性。
正因為是大自然孕育出的奇蹟，每顆寶石都是獨一無二的。
就像每個人一樣，具有多樣性。

如果現在你的手中有一顆寶石，那就是世界上唯一一顆像你一樣獨特的珍寶。

你找到「祕密」的鑰匙了嗎？
是否想要了解更多的「祕密」呢？

諏訪久子

索引

寶石、礦物

術語、人名等

國家圖書館出版品預行編目（CIP）資料

寶石百科圖鑑 / 諏訪久子著 ; 邱韻臻翻譯 . -- 初版 . --
臺中市 : 晨星出版有限公司 , 2023.11
面 ; 公分
譯自 : 宝石のひみつ図鑑 : 地球のキセキ、大研究 !
ISBN 978-626-320-550-5（精裝）

1.CST: 寶石 2.CST: 圖錄 3.CST: 通俗作品

357.8025 112011324

詳填晨星線上回函
50 元購書優惠券立即送
（限晨星網路書店使用）

寶石百科圖鑑

宝石のひみつ図鑑

作者 諏訪久子
監修 宮脇律郎
審定 湯惠民
翻譯 邱韻臻
攝影 中村 淳（スタジオ KJ）、小澤晶子
插畫 フジサワミカ、M@R / めばえる
主編 徐惠雅
執行主編 許裕苗
版面編排 許裕偉
封面設計 季曉彤

創辦人 陳銘民
發行所 晨星出版有限公司
台中市 407 工業區三十路 1 號
TEL：04-23595820 FAX：04-23550581
E-mail：service@morningstar.com.tw
http：//www.morningstar.com.tw
行政院新聞局局版台業字第 2500 號
法律顧問 陳思成律師
初版 西元 2023 年 11 月 23 日
讀者專線 TEL：（02）23672044 /（04）23595819#212
FAX：（02）23635741 /（04）23595493
E-mail：service@morningstar.com.tw
網路書店 http://www.morningstar.com.tw
郵政劃撥 15060393（知己圖書股份有限公司）
印刷 上好印刷股份有限公司

定價 999 元

ISBN 978-626-320-550-5（精裝）

HOSEKI NO HIMITSU ZUKAN written by Hisako Suwa, supervised by Ritsuro Miyawaki

Originally published in Japan in 2022 by SEKAIBUNKA Publishing Inc., Tokyo.

This Traditional Chinese language edition is published by arrangement with SEKAIBUNKA Publishing Inc., Tokyo in care of Tuttle-Mori Agency, Inc., Tokyo, through Future View Technology Ltd., Taipei.